新・高校数学による

発見的問題解決法

— ストラテジー入門 —

塚原成夫 著

現代数学社

序

　意欲的な高校生および数学教育に関心を抱く人を対象にした，ストラテジーについての解説書,「高校数学による発見的問題解決法（東洋館出版社）」を発刊してから早くも10年が経過しました．

　その間における2000年には，現代数学社より数学教師を主な対象として「数学的思考の構造」をストラテジー研究の第2作として発刊しました．

　発刊当初より読者から，当時既に絶版となっていた前著書についての問い合わせを受けました．そこで前著書を再出版する構想を抱いたのですが，2003年より新学習指導要領にもとずく新課程の実施が迫っており，高校生もその読者対象とするという本の性格より，その機を待つこととしました．そしてその時期が到来したということです．

　幸いなことに現代数学社並びに富田栄氏の協力を得ることができ，ここに「新・高校数学による発見的問題解決法」と題して，現代数学社より発刊することとなりました．

　再出版に際してのスタンスは次の通りです．

　今改めて第一作を読み直してみますと，いたらない点が多々気付かれました．しかし著者自身は気付いていないところの第一作の良さもあると考え，修正，加筆は必要最小限にとどめて，第一作の雰囲気，香りをできる限り残すこととしました．

　主な改正点は，高校生も読者対象とする性格上，新学習指導要領よりもれた項目に関する部分をさしかえたということです．ただし従来と異なり，新学習指導要領はスタンダードではなく，minimum requirement に過ぎません．指導要領の範囲を超えた項目でも意欲的な高校生に対しては指導されることが予想される項目（例えば，空間における平面の方程式）を利用した解説，例題はさしかえをおこなってはいません．結果として全体の20%位を書き直しました．

　本の内容，構成，利用法は旧版の序を見て下さい．

当本が解説するところのストラテジーを通して，考えること，考え抜くことの楽しさを読者に体得して頂くことが筆者の変わらぬ願いであります．

　2004 年 7 月　　　　　　　　　　　　　　　　　　　　　塚原成夫

旧版の序

　この本は高校生を主な対象としています．また将来において数学教師を目ざすといった，高等学校における数学教育に関心を抱く大学生等々の人をもその対象としています．

　ところで皆さんの多くは，数学の学習において，公式やいわゆる数学的テクニックを一所懸命に勉強したにもかかわらず，数学の問題を前にしてどう取り組んでよいかわからず，「空白」の時間を過ごしてしまったという経験を持っていることと思います．

　このことは皆さんだけに限られたことではありません．問題解決というテーマのもと，昔より数学教育にたずさわってきた者を悩まし続けてきたテーマでもあるのです．

　上述の困難を解決するための一つの方策として，ストラテジー指導という考え方があります．（ストラテジーに対する訳語は，「戦略」ではなく「方略」とするのが学術的には一般的です．）

　その具体的内容は本論で明らかにすることとして，ここでは次のように説明しておきます．

　問題解決のエキスパート（専門家）と考えられる数学者が，解法がアルゴリズム化されていない問題（ノンルーチンな問題）を解いているところを観察，分析しますと，彼ら自身は利用していることを意識してはいない，ちょっとしたコツや経験則が見出されます．問題解決のノービス（しろうと）には見出されないものです．これらをストラテジーとして高校生に教授することにより，ノンルーチンな問題に対する取り組み方，考え方を教えて，彼らの問題解決を容易にしようということがストラテジー指導の意図するところであります．

　ところでストラテジーなるものが数百或は数千という数になってしまうならば，非実用的と言わざるを得ません．しかし，数学的な考え方を教授するというポリシーのもとに高校生を対象とするならば，ストラテジーは 15 前後にその数を絞り込めることが，筆者の研究によりわかっているのです．

　そこでこの本では，特に利用度が高いと思われる 10 個のストラテジーを紹

介することにより，高校生の問題解決能力の向上をはかろうということがその目標とするところであります．

　本の構成，利用法は次の通りです．

　全部で10章に分かれており，1つの章ごとに1個のストラテジーが紹介されます．

　各章では始めに3〜9題の例題と解答を通して，その章で紹介されるストラテジーの具体的な説明とその利用の仕方を解説します．読者は時間的余裕がない場合（多くの人はそうだと思います．），特別の指示がない限り例題を解くことなくそのまま解法の説明に進んで下さっても結構です．（もちろん，説明に進む前に自力で考えてもらえれば，益するところ，より大です．）

　いずれにせよ，例題を通して各ストラテジーを理解して下さい．そうして各章末に配置した演習問題にチャレンジしてみて下さい．10題の多くは難問かもしれません．しかしわからないからといって，巻末に付した詳細な解答をすぐには見ず，本の先を読んではくり返し考えてみて下さい．本の中に必ず考え方のヒントがあるはずです．そうして願わくばいくつかの問題は自力で解決して，問題を解くことができたときの醍醐味を感得してもらえたらと思っています．

　問題3.5*というように問題番号の右上に*印を付した問題は，理系の知識を必要とする問題です．文系志望の人の便宜をはかりました．

　また問題番号の3.5は第3章の5番目の例題であることを示しています．

　読者がこの本を通してストラテジーを学ぶことにより，未知の問題に取り組むときの考え方のコツをマスターするならば，問題解決能力の著しい向上が実現されるはずです．また当本を読破した後には，必ず納得して頂けることと思います．

　なお例題，演習問題のいくつかの引用を一つ一つ付しきれなかったことを始めにことわっておきます．

　本書の出版にあたって，能田伸彦筑波大学教授のご協力を頂きました．また東京大学学生，杉本留三氏には校正に際し，協力して頂きました．記して厚く感謝する次第です．

　1993年秋　　　　　　　　　　　　　　　　　　　　　　　塚原成夫

目 次

序		i
第1章	Analogy（類推）	1
第2章	Work backwards（逆向きにたどる）	9
第3章	Go back to definition（定義に戻る）	19
第4章	Reformation（再形式化）	35
第5章	Indirect proof（間接証明）	42
第6章	Fewer variables（変数を少なくする）	49
第7章	Symmetry（シンメトリー）	58
第8章	Logical reasoning（論理的推論）	70
第9章	Specialization, Generalization（特殊化，一般化）	85
第10章	Inductive thinking（帰納的思考）	97
演習問題解答		109

第1章 —— Analogy（類推）
—— ストラテジーとは何か ——

　この章ではストラテジーとはどういうものであるかを説明します．そのために次の問題を考えてみて下さい．

問題 1.1

　空間に2定点 A(2, 2, 0)，B(0, 0, 2)をとる．△PAB が正三角形となるような点Pのつくる空間曲線をCとする．曲線Cの xy 平面への正射影 C′ の方程式を求めよ．

多くの人は自然に以下のように取り組むことと思います．

P(x, y, z)とおく．$PA^2 = AB^2 = PB^2$ より，

$$\begin{cases} (x-2)^2 + (y-2)^2 + z^2 = 12 \\ x^2 + y^2 + (z-2)^2 = 12 \end{cases}$$

$$\iff \begin{cases} x^2 + y^2 + z^2 - 4x - 4y = 4 \quad \cdots\cdots\cdots ① \\ x^2 + y^2 + z^2 - 4z = 8 \quad \cdots\cdots\cdots\cdots ② \end{cases}$$

Cは球面①，②の交円となる．
そこで①－②を計算して，

$$-4x - 4y + 4z = -4 \iff x + y - z = 1$$

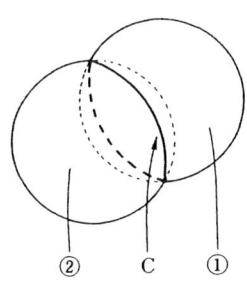

∴ Cは円 $\begin{cases} x^2 + y^2 + z^2 - 4z = 8 \quad \cdots\cdots\cdots ② \\ x + y - z = 1 \quad \cdots\cdots\cdots\cdots\cdots\cdots ③ \end{cases}$

である．（無論，①かつ③の円としても同じですし，平面③は円Cがのっている平面を表現しています．即ち，球面と平面の交わりの図形として円Cをと

らえています.)

結局，問題 1.1 は円 C の xy 平面への正射影を求める問題ということになりました．

最近，正射影の問題は結構見かけるようになりましたので結論を知っている人も多いことでしょう．しかし知らない人はちょっと考えてみて下さい．なかなか難しいはずです．

ストラテジーを利用した発見的解き方では次のように考えます．

● ストラテジーによる考え方 ●

2 次元で類推したらどうだろう．例えば，

「円 $x^2 + y^2 = 8$ ………… ②′ と

直線 $x + y = 1$ …………… ③′

との交わりの図形（交点）の x 軸への正射影を求めよ．」という問題になる．

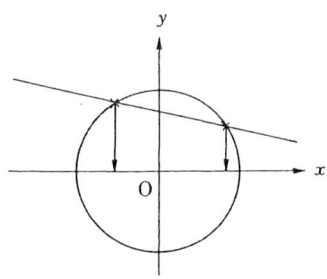

円 ②′ と直線 ③′ の両式より y を消去した式，

$x^2 + (1-x)^2 = 8$ 即ち $x = \dfrac{1 \pm \sqrt{15}}{2}$ を交点の x 座標ではなく，交点を通る x 軸に垂直な直線と発想を転換すれば，

$x = \dfrac{1 \pm \sqrt{15}}{2}$, $y = 0$ が求める正射影だ．

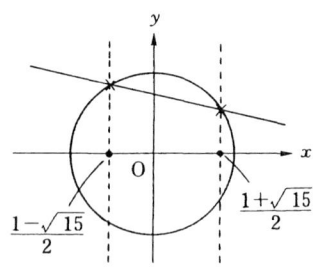

（発見の喜び!!）

問題 1.1 に戻って,
③ $\iff z = x+y-1$ と
②の式より z を消去して,
$x^2 + y^2 + (x+y-1)^2 - 4(x+y-1) = 8$
$\therefore 2x^2 + 2xy + 2y^2 - 6x - 6y = 3, \ z = 0 \cdots C'$
(なお図では理解を容易にするため, 直線, 平面の位置を正確に描いてはいません.)

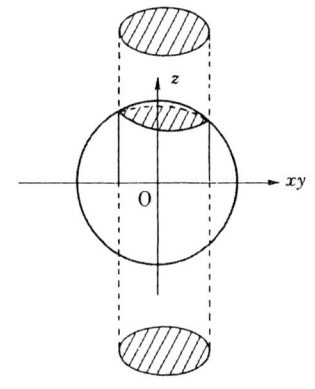

球面→円, 平面→直線と置き換える, 2 次元における「類推」による考え方, 理解できたでしょうか.

模範解答で見かける右のような図が書けるならば, ②, ③両式より z を消去することが直ちに納得できます. しかし予備知識の無い者には無理でしょう. 実際, 筆者は多くの高校生に正射影の問題を試してもらいましたけれど, そうした生徒は一人もいませんでした.

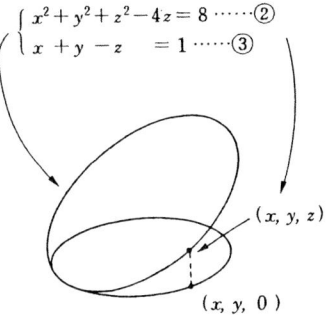

　ノンルーチン問題(解法がアルゴリズム化されていない問題と理解して下さい.)においてどう考えたらよいか, 手助けとなる数学的な考え方を示唆するものがストラテジーなのです.

　問題 1.1 における「類推」がその一つの具体例なのです. ここでは, 2 次元における類推を利用して, 本来の空間問題への見通しを得ようとする考え方を教えてくれるのです.

　またここにストラテジー指導の特徴の一つがあるのです.

　即ち, ストラテジー(ここでは「類推」です.)は問題に対する取り組み方のヒントを示唆するだけであり, 問題解決者に活動の余地, 解答を発見する余地(発見的要素)が残されているのだということです.

問題 1.1 を例にとるならば，2次元における「類推」によって得られた式，
$$x = \frac{1 \pm \sqrt{15}}{2}$$
を交点の x 座標としてではなく，x 軸方向への正射影であると，問題解決者自身が「発見」することが求められているのです．表題の発見的問題解決法の「発見的」には，こうした意味が込められているのです．

もちろん公式や数学的テクニックを暗記することによってすべての問題が「機械的」に解けるならばそれにこしたことはありません．しかし数学の問題がそうした方向ですべて処理できるわけではないこと，既に皆さんも了解していることと思います．実際，解法がアルゴリズム化されていない本来の意味での「数学的問題」には必ずどこか考えさせる要素があり，問題解決者は「発見的」に解決することが求められているのです．

ストラテジー指導の存在価値はこうした観点からも理解されるわけです．

では以下の問題 1.2，1.3 を少し考えてみて下さい．

問題 1.2

> 直線 l は 2 点 O, $(2, 1, -2)$ を通る．また A$(6, 6, 0)$, B$(4, -1, -1)$ とする．点 P が l 上を動くとき，AP+BP が最小となる点 P の座標を求めよ．

問題 1.1 と同様に，類推の考え方を応用するならば，l, A, B が xy 平面上の場合，或は直線 l が平面の場合の問題を思い出すことでしょう．その場合，点 B の l に関する対称点 B' を用意して，AB' と l との交点が P となります．

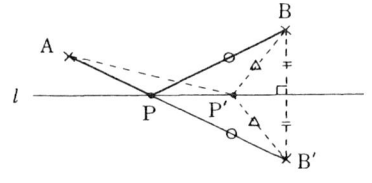

（ $\underline{AP+BP}$ = AP+B'P = AB' $\leq$ AP'+B'P' = $\underline{AP'+BP'}$ より［上図参照］）

この考え方を直接,問題 1.2 に応用しても うまくいきません．AB′ は l と交わらない からです．

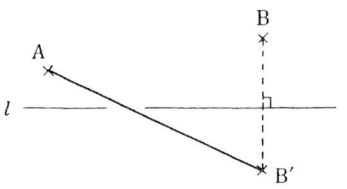

しかし方向転換する前にもう少し考えて みて下さい．類推した問題における点 B′ の ポイントは,

APB′ が一直線上かつ B′P = BP となるところにあったのです．そこで,l 上 に点 P が見つかったとするならば(「解けた ものとして作図せよ」という問題解決にお いてよく利用される考え方です．),AP の延

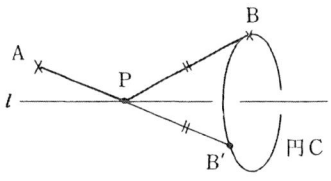

長上,BP = B′P として点 B′ が存在するはずです． 即ち点 B′ は点 B を l のまわりに回転してできる円 C 上に位置しますし,円 C と点 P によって直円錐が作 られます．直円錐の性質として,軸と母線のなす角 が一定であることを思い出せば準備はもう十分で す．

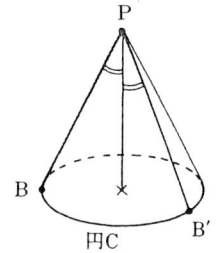

問題 1.2 の解答

l 上の任意の点を P′ とする一方,円 C 上に線分 AB′ が l と交点 P をもつよ うに点 B′ をとる．

AP + BP = AP + B′P = AB′ < AP′ + B′P′
= AP′ + BP′ より,
交点 P が求めるべき点である．

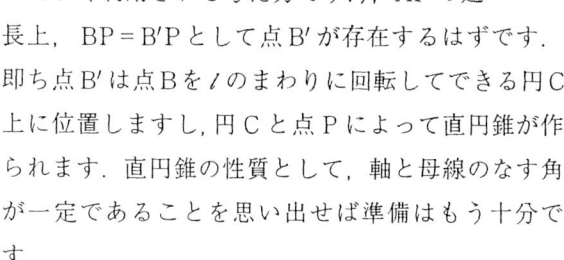

このとき,$\overrightarrow{AP}$ と l,$\overrightarrow{PB}$ と l とのなす角 は等しくなる．

よって,l の方向ベクトル $\vec{d} = (2, 1, -2)$ とおくと,$\overrightarrow{AP}$ と $\vec{d}$,$\overrightarrow{PB}$ と $\vec{d}$ のな す角が等しい．(θ とおく．)

即ち，$\dfrac{\overrightarrow{AP}\cdot\vec{d}}{|\overrightarrow{AP}||\vec{d}|}=\cos\theta=\dfrac{\overrightarrow{PB}\cdot\vec{d}}{|\overrightarrow{PB}||\vec{d}|}$ ……………………①

$P(2t,\ t,\ -2t)$ とおくと，
$$\overrightarrow{AP}=(2t-6,\ t-6,\ -2t),\quad \overrightarrow{PB}=(-2t+4,\ -t-1,\ 2t-1)$$
より，

① $\iff \dfrac{t-2}{\sqrt{t^2-4t+8}}=\dfrac{1-t}{\sqrt{t^2-2t+2}}$ ……………………②

左右両辺が同符号であることに注意すると，

② $\iff \begin{cases} (t-2)(1-t)\geqq 0 & \cdots\cdots\text{③} \\ \dfrac{t^2-4t+4}{t^2-4t+8}=\dfrac{1-2t+t^2}{t^2-2t+2} & \cdots\cdots\text{④} \end{cases}$

④ $\iff 1-\dfrac{4}{t^2-4t+8}=1-\dfrac{1}{t^2-2t+2} \iff 4(t^2-2t+2)=t^2-4t+8$

$\therefore\ 3t^2-4t=0$

③より $t=\dfrac{4}{3}$ $\therefore\ P\left(\dfrac{8}{3},\ \dfrac{4}{3},\ \dfrac{-8}{3}\right)$ …………………… （答）

問題 1.3

四面体において，1つの頂点と，その頂点と向かいあった三角形の重心とを結んでできる4本の線分が1点で交わることを証明せよ．

類推の考え方を知った皆さんにはもう簡単なはずです．

△BCDの重心を G_A とおくと，G_A の位置ベクトルは，
$$\overrightarrow{OG_A}=\dfrac{\vec{b}+\vec{c}+\vec{d}}{3}$$
同様にして △ACD の重心 G_B に対して，

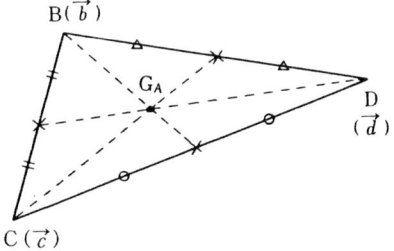

$$\overrightarrow{OG_B} = \frac{\vec{a}+\vec{c}+\vec{d}}{3}$$

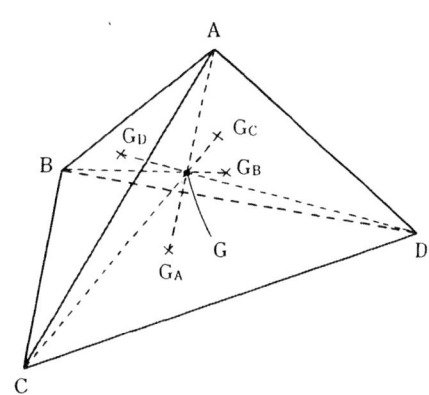

すると，線分 AG_A と線分 BG_B の交点の位置ベクトルを求めればよいこととなります．

三角形の重心の位置ベクトルへの類推により，四面体では

$\dfrac{\vec{a}+\vec{b}+\vec{c}+\vec{d}}{4}$ の点において交わることが十分に予想が付きます．

そこで「天下り式」に線分 AG_A を $3:1$ に内分する点を G とおくと，

$$\overrightarrow{OG} = \frac{3\overrightarrow{OG_A}+\overrightarrow{OA}}{3+1} = \frac{\vec{a}+\vec{b}+\vec{c}+\vec{d}}{4}$$

他の3本の線分，BG_B, CG_C, DG_D を $3:1$ に内分する点の位置ベクトルも同様にしてそれぞれ計算しますと，すべて $\dfrac{\vec{a}+\vec{b}+\vec{c}+\vec{d}}{4}$ となり，点 G で交わることがわかります．

以上，3題の例題を通して analogy（類推）というストラテジーを解説してきたのですが，理解できたでしょうか．この analogy（類推）のように，ストラテジーとは問題解決において，どのように考えたらよいかわからないときに，考える方策を与えてくれるものなのです．

ところで，analogy（類推）のようなストラテジーはいったいいくつあるのでしょうか．その数が，数百或は千にもなるのではたまったものではありません．実は，高校生を対象とすると 15 個位にまとめられることがわかっているのです．

そこで，この本では全部で 10 の章を使い，15 ほどのストラテジーのうち，特に利用度の高い 10 個のストラテジーを紹介します．これらをマスターすることによって，皆さんの数学学習に役立てて頂きたいということなのです．

　最後に，次の演習問題を解いて，当章で教授されたことへの理解を確認しておいて下さい．analogy（類推）の予備知識をもっていない自分自身を想像すれば，驚くほどのスムーズさで解いている自分に気付くはずです．（なお解答は巻末に付してあります．）

演習 1　球 S は中心座標がすべて正で，xy 平面，yz 平面，zx 平面に接する，半径 1 の球とする．点 $P(x, y, z)$ が球 S 上を動くとき，$6x + 3y + 2z$ のとりうる値の範囲を求めよ．

第2章 ── Work backwards（逆向きにたどる）

　多くの人は表題 work backwards より当章の内容を想像することは難しいことと思います．次の問題 2.1 を例にとって当ストラテジーを説明しますので，考えることなく先に進んで結構です．

問題 2.1

　$n(>1)$ 人の選手 $P_1, P_2, \ldots\ldots, P_n$ が総当たり戦で試合をする．各選手は他のどの選手ともちょうど 1 回対戦し，どの対戦においても引き分けはないものとする．選手 P_r の勝ち試合数，負け試合数をそれぞれ W_r, L_r とする．このとき，
$$\sum_{r=1}^{n} W_r^2 = \sum_{r=1}^{n} L_r^2 \quad \cdots\cdots\cdots\cdots (*)$$
が成立することを示せ．

　この問題を前にして，当ストラテジーの考え方が身に付いていない多くの高校生はどう手を付けてよいのかわからず，無為に「空白」の時間を過ごすだけとなります．そこで次の模範解答を見て下さい．

● 解法 1

$$\sum_{r=1}^{n} W_r = \sum_{r=1}^{n} L_r \quad \cdots\cdots\cdots\cdots\cdots\cdots ①$$

$$\sum_{r=1}^{n} (W_r - L_r) = 0 \quad \cdots\cdots\cdots\cdots\cdots\cdots ②$$

$$(n-1) \sum_{r=1}^{n} (W_r - L_r) = 0 \quad \cdots\cdots\cdots\cdots ③$$

$$\sum_{r=1}^{n}(W_r+L_r)(W_r-L_r)=0 \cdots\cdots\cdots\cdots ④$$

$$\sum_{r=1}^{n}(W_r^2-L_r^2)=0 \cdots\cdots\cdots\cdots\cdots\cdots ⑤$$

$$\therefore \sum_{r=1}^{n}W_r^2=\sum_{r=1}^{n}L_r^2 \cdots\cdots\cdots\cdots\cdots ⑥$$

どうですか．多くの皆さんは（解法1）を見て，鮮やかなものだと思いつつ，なんとなく納得してしまっているのではないでしょうか．

でもちょっと待って下さい．①の式そして③の$(n-1)$はどうして思いつくのでしょうか．そうした疑問を感じるならば，（解法1）に対して「代数的離れ技」あるいは「急場しのぎの解決策」という印象を持つのではないでしょうか．

実は，（解法1）というのは，当ストラテジーが教えるところの「逆向きにたどる」分析をおこなった後に，推敲して始めて得られる解答なのです．

即ち，結論の⑥を示すには同値変形の式⑤そして④を示せばよい．

各選手の試合数は$(n-1)$試合より，$W_r+L_r=n-1$．

そこで③そして②の式を示せばよい．

②を示すには最終的に①の式を示せばよいこととなるが，勝ち試合と負け試合の総数は一致するので式①は確かに成立する．

こうして始めて，①の式そして③の$(n-1)$がどこから飛び出してきたのかその動機が明らかとなり，（解法1）もピッタリとくるのです．

図式化すると以下のようになります．

第2章 Work backwards（逆向きにたどる） 11

● ストラテジーによる考え方 ●

$$\sum_{r=1}^{n} W_r = \sum_{r=1}^{n} L_r$$
↑
$$\sum_{r=1}^{n}(W_r - L_r) = 0$$
↑
$$(n-1)\sum_{r=1}^{n}(W_r - L_r) = 0$$
↑
$$\sum_{r=1}^{n}(n-1)(W_r - L_r) = 0$$
↑
$$\sum_{r=1}^{n}(W_r + L_r)(W_r - L_r) = 0$$
↑
$$\sum_{r=1}^{n}(W_r^2 - L_r^2) = 0$$
↑
出発点→ $$\sum_{r=1}^{n} W_r^2 = \sum_{r=1}^{n} L_r^2$$

負け試合数と勝ち試合数は一致するので成立

このように，結論から逆向きにたどる目標分析の考え方を，work backwards（逆向きにたどる）ストラテジーといいます．数学的な考え方の特徴の一つとして，「目的を指向しての思考」という点をあげることができます．結論を得るにはどういう式を証明したらよいか．またその式を証明するにはどういう式を証明したらよいか．………と同様の議論を繰り返して，最終的に仮定や条件に結び付けようとする当ストラテジーの考え方は，まさしく上述の特徴を具体化するものであり，数学的な考え方の本質の一端を表現するものと言えます．

問題 2.2

1 と $\dfrac{2}{3}\log_2 3$ との大小を決定せよ．

● 解法 2

$2^3 < 3^2$
$\log_2 2^3 < \log_2 3^2$
$3 < 2\log_2 3$
$\therefore\ 1 < \dfrac{2}{3}\log_2 3$

問題 2.1 の説明を理解した皆さんはもう大丈夫ですね．（解法 2）は以下の（解法 3）をもとにして，練り上げられた答案なのです．

● 解法 3

1 と $\dfrac{2}{3}\log_2 3$ の大小

$\iff \log_2 2$ と $\log_2 3^{\frac{2}{3}}$ の大小に一致

$\iff 2$ と $3^{\frac{2}{3}}$ の大小に一致

$\iff 2^3$ と $(3^{\frac{2}{3}})^3$ の大小に一致

（底をそろえて比較するという知識を利用しています．）

$2^3 < 3^2$ より $1 < \dfrac{2}{3}\log_2 3$

どうですか．work backwards（逆向きにたどる）ストラテジーに少し慣れてきたでしょう．そこで次の問題を少々考えてみて下さい．

問題 2.3
中心が O である定円の円周上に相異なる 6 つの定点 A_1, A_2, A_3, A_4, A_5, A_6 がある．このとき，6 点 A_k ($k=1, 2, 3, 4, 5, 6$) のうちから 3 点を任意にえらぶ．えらんだ 3 点を頂点とする三角形の垂心と，残りの 3 点を頂点とする三角形の重心とを通る直線は，3 点のえらび方に無関係な定点を通ることを証明せよ．

問題 2.3 は問題 2.1 とは異なり，最初の手掛かりは豊富ですので，ある程度まで考えが進みます．しかし最終段階において，当ストラテジーに頼らないと動きがとりにくい問題なのです．

解答

$\triangle A_i A_j A_k$ の垂心を H_{ijk}
$\triangle A_p A_q A_r$ の重心を G_{pqr}
とすると，
$\overrightarrow{OH}_{ijk} = \overrightarrow{OA}_i + \overrightarrow{OA}_j + \overrightarrow{OA}_k$ (注)
$\overrightarrow{OG}_{pqr} = \dfrac{1}{3}(\overrightarrow{OA}_p + \overrightarrow{OA}_q + \overrightarrow{OA}_r)$

直線 $H_{ijk} G_{pqr}$ 上の点 P の位置ベクトルは，
$\overrightarrow{OP} = (1-t)\overrightarrow{OH}_{ijk} + t\overrightarrow{OG}_{pqr}$
$= (1-t)(\overrightarrow{OA}_i + \overrightarrow{OA}_j + \overrightarrow{OA}_k) + \dfrac{t}{3}(\overrightarrow{OA}_p + \overrightarrow{OA}_q + \overrightarrow{OA}_r)$ ……($*$)

($\star$) $\begin{cases} \text{ここで} 1-t = \dfrac{t}{3} \text{となる} t \text{の値を求めると,} \\ t = \dfrac{3}{4} \\ t = \dfrac{3}{4} \text{のとき} \\ \overrightarrow{OP} = \dfrac{1}{4}(\overrightarrow{OA_i} + \overrightarrow{OA_j} + \overrightarrow{OA_k} + \overrightarrow{OA_p} + \overrightarrow{OA_q} + \overrightarrow{OA_r}) \\ \phantom{\overrightarrow{OP}} = \dfrac{1}{4}(\overrightarrow{OA_1} + \overrightarrow{OA_2} + \overrightarrow{OA_3} + \overrightarrow{OA_4} + \overrightarrow{OA_5} + \overrightarrow{OA_6}) \end{cases}$

となるので定点を通る.

（注） 重心の位置ベクトルはひんぱんに登場するので大丈夫でしょう．以下では，垂心の位置ベクトルについて説明しておきます．

いま点 O が $\triangle A_i A_j A_k$ の外心になっていることに注意すると，
$|\overrightarrow{OA_i}| = |\overrightarrow{OA_j}| = |\overrightarrow{OA_k}|$ ……………①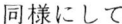

簡単のために，$\overrightarrow{OH} = \overrightarrow{OA_i} + \overrightarrow{OA_j} + \overrightarrow{OA_k}$ として点 H を定義する．
$\overrightarrow{A_i H}$ と $\overrightarrow{A_j A_k}$ の内積を考えると，

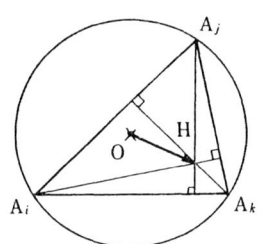

$\overrightarrow{A_i H} \cdot \overrightarrow{A_j A_k}$
$= (\overrightarrow{OH} - \overrightarrow{OA_i})(\overrightarrow{OA_k} - \overrightarrow{OA_j})$
$= (\overrightarrow{OA_k} + \overrightarrow{OA_j})(\overrightarrow{OA_k} - \overrightarrow{OA_j})$
$= |\overrightarrow{OA_k}|^2 - |\overrightarrow{OA_j}|^2 = 0$ （∵ ①より）
∴ $\overrightarrow{A_i H} \perp \overrightarrow{A_j A_k}$

同様にして
$\overrightarrow{A_j H} \perp \overrightarrow{A_k A_i}, \quad \overrightarrow{A_k H} \perp \overrightarrow{A_i A_j}$

よって H 即ち $\overrightarrow{OH_{ijk}} = \overrightarrow{OA_i} + \overrightarrow{OA_j} + \overrightarrow{OA_k}$ により定義される点 H_{ijk} は $\triangle A_i A_j A_k$ の垂心となります．

本論に戻って，
式 (*) と結論「i, j, k, p, q, r のいかんにかかわらず定点を通る」ことを示すことをにらみあわせ，逆向的に立案することにより，

第2章　Work backwards（逆向きにたどる）　15

（＊）の $\overrightarrow{OP} = (1-t)(\overrightarrow{OA_i} + \overrightarrow{OA_j} + \overrightarrow{OA_k}) + \dfrac{t}{3}(\overrightarrow{OA_p} + \overrightarrow{OA_q} + \overrightarrow{OA_r})$
$= C(\overrightarrow{OA_i} + \overrightarrow{OA_j} + \overrightarrow{OA_k} + \overrightarrow{OA_p} + \overrightarrow{OA_q} + \overrightarrow{OA_r})$, C：定数

という式に変形できて始めて，i, j, k, p, q, r のいかんにかかわらず
（　　　　　）内が $(\overrightarrow{OA_1} + \overrightarrow{OA_2} + \overrightarrow{OA_3} + \overrightarrow{OA_4} + \overrightarrow{OA_5} + \overrightarrow{OA_6})$ と整列し直せて，
そこで定点を通ることを示せることが認識されるのです．
こうして始めて（☆）のステップが自然なものとして動機付けられるのです．

　どうですか．当ストラテジーが教えるところの考え方が理解できてきたはずです．
そろそろ自分でも，当ストラテジーが使えるような気がしてきたでしょう．
演習問題のつもりで次の問題にチャレンジしてみて下さい．

問題 2.4

> 鋭角三角形 ABC の各辺の長さを，BC $= a$, CA $= b$, AB $= c$ とする．
> いま各頂点から対辺へ下ろした垂線を，それぞれ AL, BM, CN とし，
> その交点を H とする．このとき，次の式を証明せよ．
> $$AH = \dfrac{a}{\tan A}, \quad BH = \dfrac{b}{\tan B}, \quad CH = \dfrac{c}{\tan C}$$

　この問題に対しては，正弦定理を利用する等々，他の解法もあります．しかし，当ストラテジーに素直に従いますと，以下のような解決法になります．
（ストラテジーによる考え方）

$AH = \dfrac{a}{\tan A}$ を示す

$\iff \tan A \cdot AH = a$ を示す

$\iff \dfrac{BM}{AM} \cdot AH = a$ を示す

$\iff BM \cdot AH = a \cdot AM$ を示す

$\iff \dfrac{BM}{a} = \dfrac{AM}{AH} = \cos\angle HAC = \dfrac{AL}{b}$ を示す

$\iff b \cdot BM = a \cdot AL$ を示す

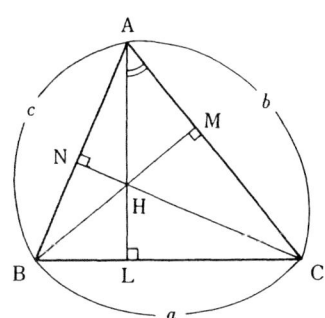

$\triangle \mathrm{ABC} = \frac{1}{2} b \cdot \mathrm{BM} = \frac{1}{2} a \cdot \mathrm{AL}$ より O. K.

そこで次のような解答となります．

解答

$\triangle \mathrm{ABC} = \frac{1}{2} b \cdot \mathrm{BM} = \frac{1}{2} a \cdot \mathrm{AL}$ より

$$\frac{\mathrm{BM}}{a} = \frac{\mathrm{AL}}{b} = \cos \angle \mathrm{HAC} = \frac{\mathrm{AM}}{\mathrm{AH}}$$

∴ $\mathrm{BM} \cdot \mathrm{AH} = a \cdot \mathrm{AM}$

$\iff \frac{\mathrm{BM}}{\mathrm{AM}} \cdot \mathrm{AH} = a$

よって $\tan \mathrm{A} \cdot \mathrm{AH} = a$, 即ち $\mathrm{AH} = \frac{a}{\tan \mathrm{A}}$

他も同様にして，$\mathrm{BH} = \frac{b}{\tan \mathrm{B}}$, $\mathrm{CH} = \frac{c}{\tan \mathrm{C}}$ （証明おわり）

以上のように，Work backwards（逆向きにたどる）ストラテジーは目標とすべき結論が与えられている証明問題において，特に有用かつひんぱんに利用されるストラテジーなのです．皆さんもこれからは証明問題に出会うたびに，当ストラテジーをぜひ意識してみて下さい．活躍する場面が必ずあるはずですから．では最後に，次の例題に取り組んでみて下さい．

問題 2.5

(1) サイコロを1回または2回振り，最後に出た目の数を得点とするゲームを考える．1回振って出た目を見たうえで，2回目を振るか否かを決めるのであるが，どのように決めるのが有利であるか．

(2) 上と同様のゲームで，3回振ることも許されるとしたら，2回目，3回目を振るか否かの決定は，どのようにするのが有利か．

(1)は皆さんにとって何でもないでしょう．(下に解答を用意してあります．)
問題は(2)の方です．
　　1回目が1～6の目の場合
⇒2回目が1～6の目の場合
⇒3回目が1～6の目の場合
と順序に従って「場合分け」して考えてゆくのは，計算上そして処理的にはとんど不可能でしょう．
(2)では逆思考と言って，一般的には，当ストラテジーとは区別した考え方を利用します．しかし，まさしく逆向きにたどるという特徴から皆さんは両者を区別する必要はありません．
(2)に戻って，ここでは3回目⇒2回目⇒1回目と逆向きに考えてゆくことが肝要なのです．そこで次の解答となります．

解答

(1) サイコロを1回振ったときの期待値は
$$\frac{1+2+3+4+5+6}{6} = 3.5$$
そこで，
$$\begin{cases} 1回目が1, 2, 3であれば2回目を振る \\ 1回目が4, 5, 6であれば1回目でやめる \end{cases}$$
と決めるのが有利である．

(2) 2回目まで振ったとき，3回目に振るサイコロの得点の期待値は3.5より
　　(1)と同様にして，
$$\left. \begin{array}{l} 2回目が1, 2, 3であれば3回目を振る \\ 2回目が4, 5, 6であれば2回目でやめる \end{array} \right\} \cdots\cdots\cdots (*)$$
とするのが有利．
3回目を振るか否かを(*)と決めたとき，
2回目以降の期待値は，

$$4 \times \frac{1}{6} + 5 \times \frac{1}{6} + 6 \times \frac{1}{6} + \underline{3.5 \times \frac{3}{6}} = 4.25$$

2回目に1, 2, 3の目が出て, 3回目を振ったときの期待値を表します．

そこで,
「1回目が1, 2, 3, 4であれば2回目を振り, (＊)の規則に従う．
1回目が5, 6であれば1回目でやめる．」
と決めるのが有利である．………………………(答)

どうです．work backwards (逆向きにたどる) ストラテジーの説こうとするところが理解できましたか．これからは証明問題を中心にして利用することを心掛けてみて下さい．必ず役に立つ場面も多いことと思います．

では章末の演習問題にチャレンジしてみて下さい．皆さんがよく知っている, ある知識を思い出さないと少々難しいかもしれません．

演習 2 a, b, c を3辺とする三角形の周の長さを $2s$, 面積を S とするとき，次の不等式を証明せよ．
$$s^2 \geq 3\sqrt{3}\, S$$

第3章 ── Go back to definition（定義に戻る）

まず次の問題を見て下さい．

問題 3.1

$-\infty < x < \infty$ で連続な関数 $f(x)$ が
$$f(x+y) = f(x)\sqrt{1+\{f(y)\}^2} + f(y)\sqrt{1+\{f(x)\}^2}$$
$$\lim_{x \to 0} \frac{f(x)}{x} = 1$$
を満たすとき，$f(x)$ は微分可能であることを示せ．

解答 与式に $x = y = 0$ を代入すると，

$$f(0) = f(0)\sqrt{1+\{f(0)\}^2} + f(0)\sqrt{1+\{f(0)\}^2} = 2f(0)\sqrt{1+\{f(0)\}^2}$$

$\sqrt{1+\{f(0)\}^2} \geqq 1$ より $f(0) = 0$ ……………………………… (∗)

$$\frac{f(x+h) - f(x)}{h} \quad \cdots\cdots\cdots\cdots\cdots\cdots\cdots\cdots\cdots ①$$

$$= \frac{f(x)\sqrt{1+\{f(h)\}^2} + f(h)\sqrt{1+\{f(x)\}^2} - f(x)}{h} \quad （与式に $y = h$ を代入）$$

$$\cdots\cdots\cdots\cdots\cdots\cdots② $$

$$= \frac{f(x)\{\sqrt{1+\{f(h)\}^2} - 1\}}{h} + \frac{f(h)\sqrt{1+\{f(x)\}^2}}{h}$$

第1項の分母，分子に $\sqrt{1+\{f(h)\}^2} + 1$ をかけて，

$$= f(x)\cdot\frac{f(h)}{h}\cdot\frac{f(h)}{\sqrt{1+\{f(h)\}^2}+1}+\sqrt{1+\{f(x)\}^2}\cdot\frac{f(h)}{h}$$

ここで $\displaystyle\lim_{h\to 0}\frac{f(h)}{h}=1$

よって $\displaystyle\lim_{h\to 0}\frac{f(h)}{\sqrt{1+\{f(h)\}^2}+1}=\frac{f(0)}{\sqrt{1+\{f(0)\}^2}+1}=0$ ………(☆) より

$\displaystyle\lim_{h\to 0}\frac{f(x+h)-f(x)}{h}=\sqrt{1+\{f(x)\}^2}$ となり,

$f(x)$ は微分可能で, $f'(x)=\sqrt{1+\{f(x)\}^2}$ である．（証明おわり）

　第 2 章を終えた皆さんには，なぜいきなり (∗) の式が飛び出してきたのかおわかりでしょう．
　(☆) の式を見越して，あらかじめ (∗) の式を用意したのです．
　しかし，このことが当章の目的ではありません．当章では，①或は②の式が何故出てきたのか，その動機を考えるということです．
　それに対する答は，$\displaystyle\lim_{h\to 0}\frac{f(x+h)-f(x)}{h}$ が存在するとき，$f(x)$ は微分可能ということが「定義」だからなのです．
　ユークリッド幾何を思い浮かべると理解できるように，数学の特徴の一つとして，公理そして定義を出発点にした演繹的論理体系であるという点を挙げることができます．
　「定義に戻る」という当ストラテジーは，以上の数学の特徴をふまえて，どう考えたらよいか途方に暮れたとき，議論の出発点に戻り，そこから考え直すことが役に立つことを教えるストラテジーなのです．
　以下，いくつかの例題で練習します．

問題 3.2

(1) $\dfrac{\sqrt{3}}{2}$ と $\sin 1$ の大小を比較せよ

(2) $\sin 1$, $\sin 2$, $\sin 3$, $\sin 4$ の大小関係を決定せよ．

この問題を見て，多くの高校生はギョッとするでしょう．ラジアン角に π がついていないからです．

三角関数の演習問題を練習していくうちに，$\sin \dfrac{1}{3}\pi$ というようにラジアン角では角の大きさに π がつくことが当然のことと思うようになり，またラジアン角の定義も忘れていってしまうのです．

啓林館の教科書よりラジアン角(弧度法)の定義を次に引用して確認します．

角の大きさを表すのに，**弧度法**(こどほう)と呼ばれる方法がある．OX を始線とする動径 OP の回転した角 θ を考える．

点 P は，O を中心とする半径 r の円周上を動くものとし，上の動径の回転で，点 P の動いた弧の長さを l とすると，$\dfrac{l}{r}$ は，角が定まれば，半径 r に関係なくきまってくる．この $\dfrac{l}{r}$ で角の大きさを表す方法が弧度法である．

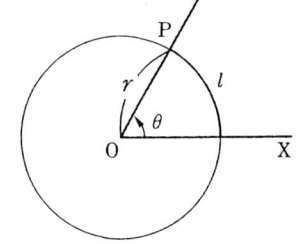

θ が弧度法で表された角とすると，

$$\theta = \dfrac{l}{r}$$

そこで，全円周に対する角 $360° = \dfrac{2\pi r}{r} = 2\pi$（ラジアン）となります．よって，例えば $60° = 2\pi \times \dfrac{60°}{360°} = \dfrac{\pi}{3}$（ラジアン）というように，sin, cos, tan の値がきれいに求まる角はみな $360°$ の約数ですので，ラジアン角には $\dfrac{1}{3}\pi$ というように π が付くことが多いのです．

逆に，上図において $l=r$ ととりますと，$\theta=1$（ラジアン）となります．また皆さんは 1（ラジアン）≒ 57° ということも思い出すでしょう．同様にして，$l=2r$ ととったとき，$\theta=2$（ラジアン）となります．

もうこれで問題 3.2 を解くための準備は十分でしょう．以下に解答例を出します．

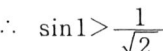

(1) $\pi=3.14\cdots\cdots$ により

$$1<\frac{\pi}{3}<\frac{\pi}{2}$$

$\sin\theta$ は $0<\theta<\dfrac{\pi}{2}$ で増加するから

$$\sin\frac{\pi}{3}>\sin 1$$

$$\therefore \frac{\sqrt{3}}{2}>\sin 1 \cdots\cdots\cdots\cdots\cdots\cdots\cdots（答）$$

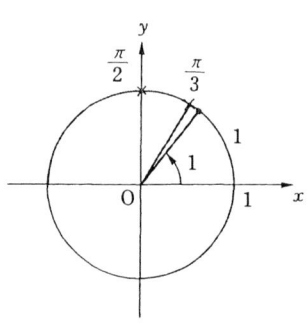

(2) $\dfrac{\pi}{2}<2<\dfrac{2\pi}{3}$ より $\sin 2>\sin\dfrac{2\pi}{3}$

$$\therefore \sin 2>\frac{\sqrt{3}}{2}$$

したがって，(1) の結果から

$$\sin 1<\sin 2 \cdots\cdots\cdots\cdots\cdots\cdots\cdots①$$

同様にして $\sin 1$ と $\sin 3$ の大小を比較すると，

$$\frac{\pi}{4}<1<\frac{\pi}{2}$$

$\sin\theta$ は $0<\theta<\dfrac{\pi}{2}$ で増加するから

$$\sin 1>\sin\frac{\pi}{4} \qquad \therefore \sin 1>\frac{1}{\sqrt{2}}$$

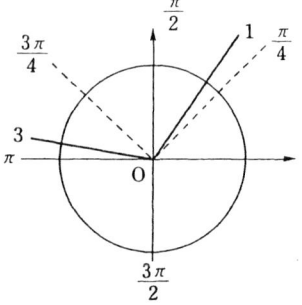

一方，$\frac{3\pi}{4} < 3 < \pi$

$\sin\theta$ は $\frac{\pi}{2} < \theta < \pi$ で減少するから

$\sin 3 < \sin\frac{3\pi}{4}$ $\therefore$ $\sin 3 < \frac{1}{\sqrt{2}}$

$\therefore$ $\sin 3 < \sin 1$

よって，①とあわせて

$\sin 3 < \sin 1 < \sin 2$

一方，$\pi < 4 < 2\pi$ により

$\sin 4 < 0$

$\therefore$ $\sin 4 < \sin 3 < \sin 1 < \sin 2$ ……………………（答）

問題 3.3

次の関数は周期関数であるか否かを理由をつけて答えよ．また，周期関数である場合には，その周期を求めよ．
(1)　$f(x) = \sin(\sin x)$
(2)　$f(x) = \cos(\sin x)$
(3)*　$f(x) = \sin(x^3)$

　三角関数の章を調べると確認できますが，定数 c $(c \neq 0)$ に対して，等式 $f(x+c) = f(x)$ がすべての x について成り立つとき，関数 $f(x)$ は周期関数であるといい，またこの等式をみたすような正の数 c のうちの最小値を $f(x)$ の周期といいます．

　$\sin$ 関数，$\cos$ 関数が周期 2π であることも皆さんは承知していると思います．そこで (1)，(2) では $f(x+2\pi) = f(x)$ が成立して，周期関数であることが十分予想が付きます．

　一方 (3) では，$f(x+c) = f(x)$ $\iff$ $\sin(x+c)^3 = \sin x^3$ がすべての x に対しては成立しそうもないこともまた十分に予想できると思います．

解答

(1) $f(x+2\pi) = \sin(\sin(x+2\pi)) = \sin(\sin x) = f(x)$ より，$f(x)$ は周期関数である．

いますべての x に対して，
$f(x+c) = \sin(\sin(x+c)) = \sin(\sin x) = f(x)$ とする．

特に $x=0$ とおくと，
$$\sin(\sin c) = \sin 0 = 0$$

∴ $\sin c = n\pi$ （n は整数）

$|\sin c| \leq 1$ より $\sin c = 0 \cdot \pi = 0$

よって $c = k\pi$ （$k \geq 1$ なる整数）となる必要がある．

ところで，$c=\pi$ のとき，
$f(x+\pi) = \sin(\sin(x+\pi)) = \sin(-\sin x) = -\sin(\sin x) = -f(x)$ より，
すべての x に対して $f(x+\pi) = f(x)$ とはなりえない．

よって周期は 2π である．

(2) $f(x+\pi) = \cos(\sin(x+\pi)) = \cos(-\sin x) = \cos(\sin x) = f(x)$ より，
$f(x)$ は周期関数である．

$f(x+c) = \cos(\sin(x+c)) = \cos(\sin x) = f(x)$ とする．

特に，$x=0$ とおき

$\cos(\sin c) = \cos 0 = 1$ ∴ $\sin c = 2n\pi$ （n は整数）

$|\sin c| \leq 1$ より $\sin c = 0$

∴ $c = k\pi$ （$k \geq 1$ なる整数）となる必要がある．

即ち $f(x+c) = f(x)$ となる最小の正の数 c は π である．

よって周期は π である．

(3) いますべての x に対して，

$f(x+c) = \sin(x+c)^3 = \sin x^3 = f(x)$ ……………① とする．

特に $x=0$ とおき，$\sin c^3 = 0$ ……………………②

①の両辺を微分して，

$$3(x+c)^2 \cos(x+c)^3 = 3x^2 \cos x^3$$

特に，$x=0$とおき，$3c^2 \cos c^3 = 0$

$c>0$ より $\cos c^3 = 0$ ……………………………③

②，③を同時にみたす c^3 は存在しないので矛盾．

即ち，ある x に対しては，

$f(x+c) \neq f(x)$ となる．

よって $f(x)$ は周期関数ではない．

問題 3.4

1から n $(n=3, 4, 5\cdots)$ までの整数が1つずつかかれた n 枚のカードがある．この中から3枚のカードを無作為に取り出して得られる3つの整数のうちの最大のものをXとし，最小のものをYとする．
(1) 確率変数Xの期待値 $E(X)$ を n の式で表せ．
(2) 確率変数 X－Y の期待値 $E(X-Y)$ を n の式で表せ．

一般に，確率変数Xが右の表に示された分布に従うとき，

$$\sum_{k=1}^{k} x_k p_k = x_1 p_1 + x_2 p_2 + \cdots + x_n p_n$$

X	x_1 x_2 $\cdots$ x_n	
P	p_1 p_2 $\cdots$ p_n	$\sum_{k=1}^{n} p_k = 1$

をXの期待値または平均値といい，$\mathbf{E(X)}$ または m で表します．

即ち，期待値 $\mathbf{m} = \mathbf{E(X)} = \sum_{k=1}^{n} x_k p_k$

或は，この定義は抽象化しすぎていて，頭に入りにくいならば，具体例として，さいころを1回投げたときに出る目の数をXとして，その期待値 $E(X)$ を考えましょう．

すると，右の表から

$$E(X) = 1 \cdot \frac{1}{6} + 2 \cdot \frac{1}{6} + 3 \cdot \frac{1}{6}$$
$$+ 4 \cdot \frac{1}{6} + 5 \cdot \frac{1}{6} + 6 \cdot \frac{1}{6}$$

X	1	2	3	4	5	6
P	$\frac{1}{6}$	$\frac{1}{6}$	$\frac{1}{6}$	$\frac{1}{6}$	$\frac{1}{6}$	$\frac{1}{6}$

$$= \frac{21}{6} = 3.5$$

となり，上の抽象化された定義式も納得できます．
このように，具体例を意識しながら定義に気を付けていると良いと思います．

解答

(1) $3 \leqq k \leqq n$ として

$$P(X = k) = \frac{1 \cdot {}_{k-1}C_2}{{}_nC_3} = \frac{3}{n(n-1)(n-2)}(k-1)(k-2)$$

$$E(X) = \sum_{k=3}^{n} k \cdot P(X = k)$$

$$= \sum_{k=3}^{n} k \cdot \frac{3}{n(n-1)(n-2)}(k-1)(k-2)$$

$$= \frac{3}{n(n-1)(n-2)} \sum_{k=3}^{n} \frac{1}{4}\{(k+1) \cdot k \cdot (k-1) \cdot (k-2) -$$

$$k(k-1)(k-2)(k-3)\} \cdots\cdots\cdots\cdots (*)$$

$$= \frac{3}{n(n-1)(n-2)} \times \frac{1}{4}(n+1) \cdot n \cdot (n-1) \cdot (n-2)$$

$$= \frac{3}{4}(n+1) \cdots\cdots\cdots\cdots\cdots\cdots\cdots\cdots (答)$$

もちろん（＊）の変形は数列の Σ の項における必須の式変形のテクニックです．

(2) $3 \leqq k \leqq n$ として，

$$P(Y = n+1-k) = \frac{1 \cdot {}_{n-(n+1-k)}C_2}{{}_nC_3} = \frac{{}_{k-1}C_2}{{}_nC_3} = P(X = k)$$

$$\therefore \quad E(Y) = \sum_{k=3}^{n} (n+1-k) \cdot P(Y = n+1-k) = \sum_{k=3}^{n} (n+1-k) \cdot P(X = k)$$

$$= \sum_{k=3}^{n} \{(n+1) \cdot P(X = k) - k \cdot P(X = k)\}$$

$$= (n+1) - E(X) \quad (\because \sum_{k=3}^{n} P(X=k) = 1)$$

$$= E(n+1-X) \quad (\text{公式 } b+aE(X) = E(b+aX) \text{ より})$$

よって $E(X-Y) = E(X-(n+1-X))$

$$= E(2X-(n+1))$$

$$= 2E(X) - (n+1)$$

$$= 2 \cdot \frac{3}{4}(n+1) - (n+1) = \frac{1}{2}(n+1) \cdots\cdots\cdots (\text{答})$$

定義にのっとって計算を進めている所に注意して下さい．

問題 3.5*

2つの無限級数 $\sum_{n=1}^{\infty} a_n$, $\sum_{n=1}^{\infty} n a_n$ が収束してその和がそれぞれ α, β のとき，(1), (2) に答えよ．ただし，$a_1 = a$ とする．

(1) $\sum_{n=1}^{\infty} n(a_n + a_{n+1})$ が収束することを示し，またそのときの極限値を α, β, a を用いて表せ．

(2) $\lim_{n \to \infty} n^2 a_n = 0$ のとき $\sum_{n=1}^{\infty} (n+1)^2 (a_n - a_{n+1})$ が収束することを示し，その和を α, β, a を用いて表せ．

無限級数 $a_1 + a_2 + a_3 + \cdots\cdots + a_n + \cdots\cdots$ において，部分和の数列 $\{S_n\}$ 即ち，

$S_1 = a_1$

$S_2 = a_1 + a_2$

$S_3 = a_1 + a_2 + a_3$

　　$\cdots\cdots\cdots\cdots\cdots$

$S_n = a_1 + a_2 + a_3 + \cdots\cdots + a_n$

　　$\cdots\cdots\cdots\cdots\cdots\cdots$

が収束する場合，もとの無限級数は収束するといいます．

$S = \lim_{n \to \infty} S_n = \lim_{n \to \infty} \sum_{k=1}^{n} a_k$ とおくと，

$S = a_1 + a_2 + a_3 + \cdots\cdots + a_n + \cdots\cdots$ 或は $S = \sum_{n=1}^{\infty} a_n$ ということが，無限級数の和の定義なのです．

そこで第 N 項までの部分和を意識した次のような解答が生まれます．

解答

(1) $\sum_{n=1}^{N} n a_n = 1 \cdot a_1 + 2 \cdot a_2 + 3 \cdot a_3 + \cdots\cdots + N a_N$

$\sum_{n=1}^{N} n a_{n+1} = \qquad 1 \cdot a_2 + 2 \cdot a_3 + \cdots\cdots + (N-1) a_N + N a_{N+1}$

辺々を引くと，

$\sum_{n=1}^{N} n a_n - \sum_{n=1}^{N} n a_{n+1}$

$= a_1 + a_2 + a_3 + \cdots\cdots + a_N - N a_{N+1}$

$= \sum_{n=1}^{N} a_n - (N+1) a_{N+1} + a_{N+1}$

$\therefore \quad \sum_{n=1}^{N} n a_{n+1} = \sum_{n=1}^{N} n a_n - \sum_{n=1}^{N} a_n + (N+1) a_{N+1} - a_{N+1}$

$\xrightarrow[(N \to \infty)]{} \beta - \alpha + 0 - 0 \quad \left(\begin{array}{l} \because \sum_{n=1}^{\infty} n a_n, \ \sum_{n=1}^{\infty} a_n \ \text{収束より} \\ \lim_{n \to \infty} n a_n = \lim_{n \to \infty} a_n = 0 \end{array} \right)$

$= \beta - \alpha$

よって $\sum_{n=1}^{\infty} n a_{n+1}$ が収束することより $\sum_{n=1}^{\infty} n(a_n + a_{n+1})$ は収束し，

$\sum_{n=1}^{\infty} n(a_n + a_{n+1}) = \left(\sum_{n=1}^{\infty} n a_n \right) + \left(\sum_{n=1}^{\infty} n a_{n+1} \right) = \beta + (\beta - \alpha) = 2\beta - \alpha$

………………（答）

(2) $\displaystyle\sum_{n=1}^{N}(n+1)^2(a_n-a_{n+1})$

$= 2^2(a_1-a_2)+3^2(a_2-a_3)+\cdots\cdots+N^2(a_{N-1}-a_N)+(N+1)^2(a_N-a_{N+1})$

$= 2^2 a_1+(3^2-2^2)a_2+\cdots\cdots+\{(N+1)^2-N^2\}a_N-(N+1)^2 a_{N+1}$

$= a_1+3a_1+5a_2+\cdots\cdots+(2N+1)a_N-(N+1)^2 a_{N+1}$

$= a_1+\displaystyle\sum_{n=1}^{N}(2n+1)a_n-(N+1)^2 a_{N+1}$

$= a_1+2\displaystyle\sum_{n=1}^{N}na_n+\sum_{n=1}^{N}a_n-(N+1)^2 a_{N+1}$

$\xrightarrow[(N\to\infty)]{} a_1+2\beta+\alpha-0$

$(\because \displaystyle\lim_{N\to\infty}(N+1)^2 a_{N+1}=\lim_{n\to\infty}n^2 a_n=0)$

$= a+2\beta+\alpha$

よって収束して, $\displaystyle\sum_{n=1}^{\infty}(n+1)^2(a_n-a_{n+1})=a+2\beta+\alpha$ $\cdots\cdots\cdots\cdots$ (答)

問題 3.6*

$$\left(\frac{1+2i}{3}\right)^n = a_n+ib_n \quad (n=1,2,3,\cdots)$$

により定められる実数列 $\{a_n\}$, $\{b_n\}$ を考える.

(1) $\displaystyle\lim_{n\to\infty}a_n=\lim_{n\to\infty}b_n=0$ を示せ.

(2) $\displaystyle\sum_{n=1}^{\infty}a_n$, $\displaystyle\sum_{n=1}^{\infty}b_n$ を求めよ.

(1) では $a_n, b_n \in \mathbb{R}$ より, $\displaystyle\lim_{n\to\infty}(a_n{}^2+b_n{}^2)=0$ を示すこと, 即ち複素数の絶対値に注目すれば直ちに解決します.

(2) では前問と同様に無限級数の値ですから部分和に注目します. すると,

$$\sum_{n=1}^{N}a_n+i\sum_{n=1}^{N}b_n=\sum_{n=1}^{N}(a_n+ib_n)=\sum_{n=1}^{N}\left(\frac{1+2i}{3}\right)^n$$ となります.

この章のこれまでの問題では定義に戻ることの重要性を強調してきました．ここでは公式，等比数列の和の公式の導き方に戻ることが必要になります．即ち，初項 a，公比 r ($\neq 1$)，項数 n 個の和が $a\dfrac{1-r^n}{1-r}$ となる導き方です．具体的には次の通りです．

$$S = a + ar + \cdots\cdots\cdots + ar^{n-1}$$
$$rS = \quad ar + ar^2 + \cdots\cdots + ar^{n-1} + ar^n$$

辺々引き算をして，

$(1-r)S = a - ar^n$

∴ $S = a\dfrac{1-r^n}{1-r}$

以上の計算過程を眺めていますと，r が複素数であっても同じ公式が成立することが理解できます．そこで以下の解答となります．

解答

(1) $a_n{}^2 + b_n{}^2 = \left(\dfrac{5}{9}\right)^n \xrightarrow[(n\to\infty)]{} 0$

∴ $\lim_{n\to\infty} a_n = \lim_{n\to\infty} b_n = 0$

(2) $\sum_{n=1}^{N} a_n + i\sum_{n=1}^{N} b_n = \sum_{n=1}^{N}\left(\dfrac{1+2i}{3}\right)^n$

$= \dfrac{1+2i}{3} \cdot \dfrac{1-\left(\dfrac{1+2i}{3}\right)^N}{1-\dfrac{1+2i}{3}} = \dfrac{-1+3i}{4}\left\{1 - \left(\dfrac{1+2i}{3}\right)^N\right\}$

$\xrightarrow[(N\to\infty)]{} \dfrac{-1+3i}{4}$ $\left(\because\ (1) \text{より}\left(\dfrac{1+2i}{3}\right)^N = a_N + ib_N \xrightarrow[(N\to\infty)]{} 0\right)$

複素数の相等から，

$\sum_{n=1}^{\infty} a_n = -\dfrac{1}{4}$, $\sum_{n=1}^{\infty} b_n = \dfrac{3}{4}$ ……………………………………（答）

第3章 Go back to definition（定義に戻る）

公式をただ覚えようとする，あるいは丸かじりするだけでは思考力はつきません．このことは高校生に多く見られる状況です．

当ストラテジーは定義にとどまらず，「もとに」戻ることの重要性を強調するのです．

重い問題が続いたので，息抜きのつもりで次の小問を解いてみて下さい．

問題 3.7

極限値 $\lim_{x \to 2}[-x^2+4x]$ を求めよ．ただし，$[a]$ は a をこえない最大の整数を表す．

x が $\overset{\cdot}{a}$ と $\overset{\cdot}{異}\overset{\cdot}{な}\overset{\cdot}{る}$ 値をとりながら，a に限りなく近づくことを $\lim_{x \to a}$ と書きます．そこで次図をイメージするならば，すぐ解決することでしょう．

解答

$x \neq 2$, $x \fallingdotseq 2$ のとき，

$3 \leq -x^2+4x < 4$

∴ $[-x^2+4x] = 3$

よって $\lim_{x \to 2}[-x^2+4x] = 3$ ………（答）

$-x^2+4x = -(x-2)^2+4$

のグラフ

では最後の例題を次に取り上げます．

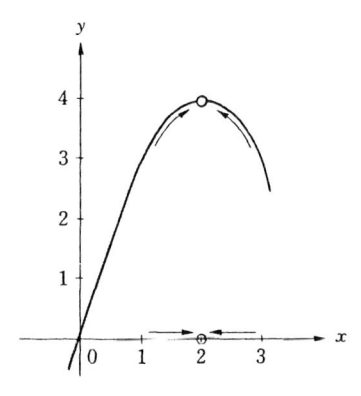

問題 3.8*

xyz 空間において，原点を頂点とする円錐を考える．その底面は平面 $y+z=2$ 上にあり，点 $(0,1,1)$ を中心とする半径 $\sqrt{2}$ の円である．この円錐の平面 $z=t$ $(0<t<2)$ による切り口の図形の面積を考える．t が $0<t<2$ の範囲を動くとき，面積の最大値を求めよ．

2次曲線は円錐曲線とも呼ばれるように，平面による円錐面の切り口としても現れます．（下図参照）

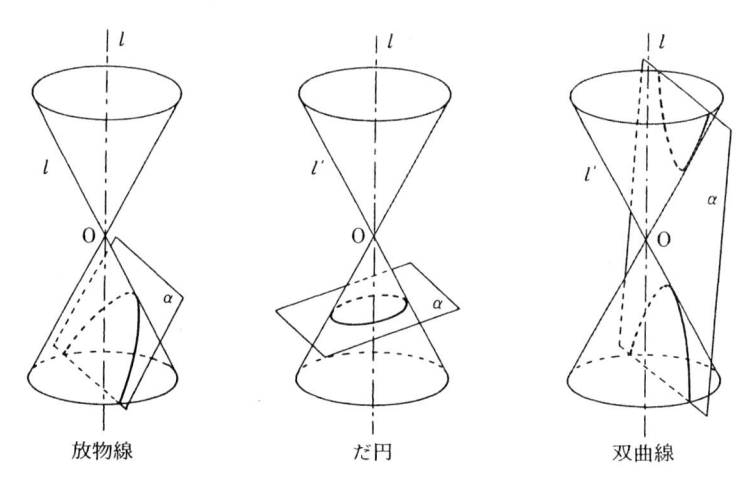

放物線　　　　　　　だ円　　　　　　　双曲線

特に，母線に平行な平面 α による切り口は放物線となります．問題 3.7 においては，平面 $z=t$ は一つの母線 y 軸に平行ですからその切り口の曲線は放物線となります．そこで以下のような解答となります．

解答

平面 $z=t$ と底面との交線を AB，底面の中心 $(0,1,1)$ を C とする．

平面 $z=t$ による切り口の放物線を xy 平面に正射影した方程式を
$$y = px^2$$
とおいて p を t で表す．

第3章 Go back to definition（定義に戻る）

点 A の x 座標が α のとき，
$y = 2 - z$ より
$$2 - t = p\alpha^2 \quad (0 < t < 2) \cdots\cdots\cdots ①$$
さらに，平面 $y + z = 2$ と z 軸のなす角は 45°，底面の円の半径は $\sqrt{2}$ だから
$$\alpha^2 + \{\sqrt{2} - \sqrt{2}(2-t)\}^2 = CA^2 = (\sqrt{2})^2$$
$$\therefore \quad \alpha^2 + 2(t-1)^2 = 2$$
$$\therefore \quad \alpha^2 = 2t(2-t), \quad (0 < t < 2) \cdots ②$$
ゆえに，①と②より $p = \dfrac{1}{2t}$

よって，放物線の方程式は $y = \dfrac{1}{2t}x^2 \quad (0 < t < 2)$

∴ 求める面積を S とすると
$$S = \int_{-\alpha}^{\alpha} \left\{(2-t) - \frac{1}{2t}x^2\right\} dx = 2\int_{0}^{\alpha} \left(\frac{\alpha^2}{2t} - \frac{1}{2t}x^2\right) dx$$
$$\left(\because ② より 2 - t = p\alpha^2 = \frac{\alpha^2}{2t}\right)$$
$$= \frac{2\alpha^3}{3t}$$
$$= \frac{4}{3}(2-t)\sqrt{2t(2-t)} \quad (\because \alpha = \sqrt{2t(2-t)})$$

$f(t) = (2-t)^2 \cdot 2t(2-t) = 2t(2-t)^3$ とおく．
$$f'(t) = 2(2-t)^3 - 6t(2-t)^2$$
$$= 4(2-t)^2(1-2t)$$

$0 < t < 2$ における $f(t)$ の増減表は右のようになる．

$t = \dfrac{1}{2}$ のとき，$f(t)$ は最大値 $\dfrac{27}{8}$ をとる．

t	0		$\dfrac{1}{2}$		2
$f'(t)$		+	0	−	0
$f(t)$		↗	最大	↘	

∴ S の最大値 $= \dfrac{4}{3} \cdot \sqrt{\dfrac{27}{8}} = \sqrt{6}$ ……………（答）

切り口の曲線が放物線になることを知らなければ，手の付けようがないことに注意してください．

以上，8つの例題を利用して，主として定義を出発点にして考えることの重要性を説いてきたのですが理解できたでしょうか．

　「定義に戻る」という当ストラテジーはそのことにとどまらず，思考につまった時には基本に戻ることが大切であるということも教えているのです．このことは数学にとどまらず，あらゆる議論に共通して有効な考え方であると思います．

　ところで皆さんの多くは受験生であると思います．普段の勉強では，また大学生活においてもそうですが，必要に応じて教科書の定義を参照して問題解決に取り組むことができます．

　しかし，本番の入試では教科書の持ち込みは許されません．そこで一層，当ストラテジーの説くところの重要性が増すのです．

　ところで入試ではどういう項目の定義が問題となってくるのでしょう．幸いなことに，筆者の調べた限りそれ程多くはありません．当章で取り上げた，ラジアン角，$\lim_{x \to a}$ の意味，期待値，周期，級数の収束，微分の定義，2次曲線がその主なものです．

　これからは定義等々，議論，論理の出発点に注意を払いながら教科書や参考書に目を通すよう心掛けて下さい．では最後に演習問題です．

演習 3[*]　(1) $g(x)$ が奇関数で微分可能ならば，$g'(x)$ は偶関数となることを示せ．
　(2) $f(x)$ は微分可能で，$f'(x) - f'(0)$ は奇関数であるという．このとき，
$$\int_{-1}^{1} \{f(x) - ax\}^2 \, dx$$
を最小にする a は $f'(0)$ であることを証明せよ．

第 4 章 ———————— Reformation（再形式化）

多くの人は表題を見ただけでは当章の内容を想像できないことでしょう．次の例題を利用して具体的に説明しますので，どう解いたらよいかちょっと考えてみて下さい

問題 4.1

文字はすべて実数とする．
(1) $x+y+z=a$, $x^3+y^3+z^3=a^3$ が成立するとき，x, y, z の少なくとも 1 つは a に等しいことを証明せよ．
(2) $x+y+z=3a$, $xy+yz+zx=3a^2$ が成立するとき，x, y, z のすべてが a に等しいことを証明せよ．

この問題では，与えられた条件式より何を示したらよいかが問題となります．

例えば(1)では，「x, y, z の少なくとも 1 つは a に等しいことを証明せよ．」とありますが，このことをどのように数式で表現したらよいかということです．

2次，3次等々の方程式の解を連想すると以下のようになります．

x, y, z の少なくとも 1 つは a に等しい．
$\iff x=a$ または $y=a$ または $z=a$
$\iff (a-x)(a-y)(a-z)=0$ ································①

そこで(1)の問題は，与えられた条件式より①の式を示せばよいという問題へとすりかわりました．

(1) の解答

$(a-x)(a-y)(a-z) = 0$ ……………………①を示せばよい．

$$\begin{aligned}
\text{左辺} &= a^3 - (x+y+z)a^2 + (xy+yz+zx)a - xyz \\
&= (xy+yz+zx)a - xyz \quad (\because \ x+y+z = a) \quad \cdots\cdots②
\end{aligned}$$

$x^3 + y^3 + z^3 - 3xyz = (x+y+z)(x^2+y^2+z^2-xy-yz-zx)$ より

$$\begin{aligned}
x^3 + y^3 + z^3 &= (x+y+z)\{(x+y+z)^2 - 3(xy+yz+zx)\} + 3xyz \\
&= a^3 - 3a(xy+yz+zx) + 3xyz
\end{aligned}$$

$x^3 + y^3 + z^3 = a^3$ より

$-3a(xy+yz+zx) + 3xyz = 0$

$\therefore \ a(xy+yz+zx) = xyz$

よって②より，①の左辺 $= 0$ （(1)の証明おわり）

(2) も同様です．結論を示すには，$x=a$ かつ $y=a$ かつ $z=a$ を示せばよいのです．しかし，このままでは証明しにくいことでしょう．

必要条件，十分条件の項の練習問題を思い出せば次のようになります．

$x = y = z = a$
$\iff (x-a)^2 + (y-a)^2 + (z-a)^2 = 0$ ……………………③

これで準備が出来ました．

(2) の解答

③を示せばよい．

$$\begin{aligned}
\text{③の左辺} &= x^2 + y^2 + z^2 - 2a(x+y+z) + 3a^2 \\
&= (x+y+z)^2 - 2(xy+yz+zx) - 2a(x+y+z) + 3a^2 \\
&= 9a^2 - 6a^2 - 6a^2 + 3a^2 = 0 \quad \text{（(2)の証明終わり）}
\end{aligned}$$

以上のように，解決しにくい問題を次から次へと扱い易い問題へと変形して解こうとする考え方を再形式化（reformation）といいます．

こうした考え方は別に目新しいものではありません．注意して見ていますと結構，教科書レベルにおいても利用されている考え方なのです．例えば，次のようなタイプの問題は誰でも見覚えがあると思います．

問題 4.2

3次方程式 $x^3-3x^2-a=0$ が異なる3つの実数解をもつための a の条件を求めよ.

変数分離のテクニックを利用して以下のようにするのが普通です.

$x^3-3x^2-a=0$ が3つの実数解をもつ
$\iff x^3-3x^2=a$ が3つの実数解をもつ
$\iff y=x^3-3x^2$ のグラフと直線 $y=a$ が3点で交わるための a の条件を求める

と以上のように問題 4.2 を「再形式化」した後, 微分を利用して実際に $y=x^3-3x^2$ のグラフを書いて, $-4<a<0$ を求めます.（簡単ですから, よかったら確認しておいて下さい.）

どうです.「再形式化」というストラテジーが全く目新しいものではないということが理解できるでしょう.

ストラテジーの特徴の一つとして, 従来暗々裡のうちに利用されていた考え方をはっきりと明示することにより, そうした考え方を学生に認識させる効果があるという点を挙げることができます. これはまさしくその典型です.

では以下さらに例題を通して, 当ストラテジーを演習しましょう.

問題 4.3

n 個の正の数 $a_1, a_2, \ldots, a_n$ がある. ただし, $n \geq 2$ とする.
$$A = a_1 + a_2 \cdots + a_n, \quad B = \frac{1}{a_1} + \frac{1}{a_2} + \cdots + \frac{1}{a_n}$$
とおくとき, A, B の少なくとも一方は n 以上であることを証明せよ.

A, B をながめるうちに, 相加平均≧相乗平均の不等式を思い出して, $a_i + \frac{1}{a_i} \geq 2\sqrt{a_i \times \frac{1}{a_i}} = 2$ に気づくならば, 一見すると, とっつきにくそうな印象を与える問題 4.3 も次のように再形式化されて一瞬にして解決します.

解答 $A+B \geq 2n$ を示せばよい．（念のため説明を加えますと，$A+B \geq 2n$ が証明されるならば，A，B 共に n 未満ではあり得ないことがわかります．）
$a_i + \dfrac{1}{a_i} \geq 2 \quad (1 \leq i \leq n)$ より，

$$A+B = \sum_{i=1}^{n}\left(a_i + \dfrac{1}{a_i}\right) \geq \sum_{i=1}^{n} 2 = 2n$$

よって結論が示された．

問題 4.4

$x \geq y \geq 0$ なるすべての実数 x, y に対して，
$ax + by \geq 0$
となるために実数 a, b の満たすべき条件を求めよ．

問題 4.4 を記号化して簡潔に表現しますと，以下のようになります．
「$x \geq y \geq 0 \Longrightarrow ax+by \geq 0$」が成立するための a, b の条件を求めよ．
必要条件，十分条件の項における真理集合を利用しますと，次のように問題 4.4 は再形式化されることとなります．

解答
xy 平面上における集合として，
$P = \{(x, y) \mid x \geq y \geq 0\} \subseteq Q = \{(x, y) \mid ax + by \geq 0\}$

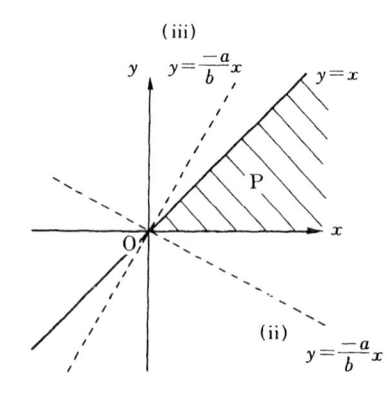

が成立するための a, b の条件を求めればよい．

（ i ） $\underline{b=0}$ のとき
$ax + by \geq 0 \iff ax \geq 0$ より，
$\underline{a \geq 0}$

（ ii ） $\underline{b > 0}$ のとき
$ax + by \geq 0 \iff y \geq \dfrac{-a}{b}x$ より，
$\dfrac{-a}{b} \leq 0 \iff \underline{a \geq 0}$

(iii) $\underline{b<0}$ のとき

$$y \leq \frac{-a}{b}x \text{ より,}$$

$$\frac{-a}{b} \geq 1 \iff \underline{a+b \geq 0}$$

$\frac{y}{x} = u$ という変数変換のテクニックを知っているならば，次のような再形式化も可能です．

(別解)

(i) $x = 0$ のとき

$y = 0$ より，すべての a, b に対して，

$ax + by \geq 0$ は成立

(ii) $x > 0$ のとき

$\frac{y}{x} = u$ とおくと，

与えられた条件は，$1 \geq \frac{y}{x} \geq 0$, $a + b\frac{y}{x} \geq 0$ と変形されることより，

「$0 \leq u \leq 1 \Longrightarrow f(u) = a + bu \geq 0$」が成立するための a, b の条件を求めればよいこととなります．

$f(u)$ が u の一次関数，即ち直線であることより，$f(u) \geq 0$ となるには線分の両端で 0 以上となっていれば十分です．

よって $f(0) \geq 0$ かつ $f(1) \geq 0$

$\iff a \geq 0, \ a + b \geq 0$

（前の解答と一致することを，ab 平面上に図示することにより確認しておいて下さい．）

問題 4.5

x の関数 $\left(1 - \frac{a}{2}\cos^2 x\right)\sin x$ の最大値が 1 となるような a の範囲を求めよ．

普通に微分して，最大値=1よりaを求めようとするとかなり大変な計算となります．

与えられた関数をじっと眺めていますと，$\cos x$ を 0 にする x の値即ち $x = \dfrac{\pi}{2}$ のとき，$\sin x = 1$ より与えられた関数の値は1となります．

そこで，与えられた問題は，

「任意の x に対してつねに，$\left(1 - \dfrac{a}{2}\cos^2 x\right)\sin x \leq 1$ となる a の範囲を求めよ．」 ………………………①

という問題に再形式化されます．

あとは問題 4.2 でもふれた変数分離のテクニックを思い出せば以下のような解答となります．

解答

①を解くことを考える．

$(2 - a\cos^2 x)\sin x \leq 2$ より，

$a\cos^2 x \sin x \geq 2(\sin x - 1)$

∴ $a(1 - \sin x)(1 + \sin x)\sin x \geq -2(1 - \sin x)$ ………………………②

$\sin x = \pm 1, 0$ のとき②は成立するので，$\sin x = t$ とおくと，

$$\begin{cases} 0 < t < 1 \text{ で，} a \geq \dfrac{-2}{(1+t)t} \\ -1 < t < 0 \text{ で，} a \leq \dfrac{-2}{(1+t)t} \end{cases}$$

が成立するための a の範囲を求めればよいこととなります．

$$y = \dfrac{-2}{(1+t)t} = \dfrac{-2}{\left(t + \dfrac{1}{2}\right)^2 - \dfrac{1}{4}}$$

のグラフは右図より（わざわざ微分をしなくとも，分母の平方完成より，その概形は描けるでしょう．），求める a の範囲は，

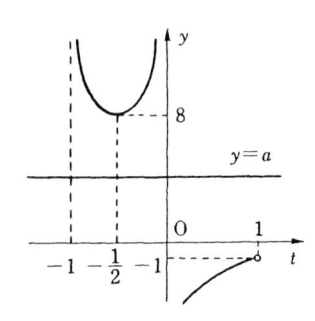

$-1 \leq a \leq 8$ ……（答）

第4章 Reformation（再形式化）

5題ほど演習してきましたが，「再形式化」の言わんとするところが理解できたでしょうか．

問題が複雑で取り扱いにくいとき，より扱いやすい問題へと原問題を次から次へと，「生産的改造」していくことが問題解決者に一般的には要請されています．「再形式化」はこの考え方を表現したストラテジーなのです．

これから出会うであろう難問に対しても，ぜひ利用してみて下さい．最後に演習問題を出します．

演習 4 a は実数とする．$f(x) = x^2 + ax + 1$ が，ある実数 b に対して $f(b) < 0$ のとき，$f\left(\dfrac{1}{a+b}\right) > 0$ を示せ．

第5章 ──── Indirect proof（間接証明）

　表題より当章においてどういうストラテジーを扱うのか想像がつくと思います．そこで早速，例題に入ります．

問題 5.1

$f(x) = x^3 + ax^2 + bx + c$　（a, b, c は任意の実数）とする．

(1) a, b, c によらず，$f(1), f(2), f(3), f(4)$ の間に成立する等式を求めよ．

(2) $|f(1)|, |f(2)|, |f(3)|, |f(4)|$ のうち少なくとも1つは $\dfrac{3}{4}$ 以上であることを証明せよ．

解答

(1) 次章においても取り上げますが，a, b, c を1つずつ消去していけばよいことがわかるでしょう．

$$\begin{cases} f(1) = 1 + a + b + c \quad \cdots\cdots ① \\ f(2) = 8 + 4a + 2b + c \quad \cdots\cdots ② \\ f(3) = 27 + 9a + 3b + c \quad \cdots\cdots ③ \\ f(4) = 64 + 16a + 4b + c \quad \cdots\cdots ④ \end{cases}$$

$\left.\begin{array}{l} ② - ① \\ ③ - ② \\ ④ - ③ \end{array}\right\}$ より $\begin{cases} f(2) - f(1) = 7 + 3a + b \quad \cdots\cdots ⑤ \\ f(3) - f(2) = 19 + 5a + b \quad \cdots\cdots ⑥ \\ f(4) - f(3) = 37 + 7a + b \quad \cdots\cdots ⑦ \end{cases}$

$\begin{cases} ⑥ - ⑤ \\ ⑦ - ⑥ \end{cases}$　$f(3) - 2f(2) + f(1) = 12 + 2a \quad \cdots\cdots ⑧$
　　　　　$f(4) - 2f(3) + f(2) = 18 + 2a \quad \cdots\cdots ⑨$

⑨ − ⑧ より　$f(4) - 3f(3) + 3f(2) - f(1) = 6 \quad \cdots\cdots$ （答）

(2) はどうですか．直接的に証明しようとしても，なかなかうまくいかないでしょう．

直接証明がうまくいかないのならば，方向転換して間接証明，背理法となります．即ち，結論を否定して矛盾を導こうという方法です．
すると，(1) を利用することによって容易に解決します．

(2) の解答

$|f(1)|, |f(2)|, |f(3)|, |f(4)| < \dfrac{3}{4}$ と仮定する．

すると (1) より，

$6 = |f(4) - 3f(3) + 3f(2) - f(1)|$

$\leq |f(4)| + 3|f(3)| + 3|f(2)| + |f(1)|$ （三角不等式 $|a+b| \leq |a| + |b|$ を利用しています）

$< \dfrac{3}{4} + 3 \cdot \dfrac{3}{4} + 3 \cdot \dfrac{3}{4} + \dfrac{3}{4} = 6$

即ち，$6 < 6$ となり矛盾．

∴ $|f(1)|, |f(2)|, |f(3)|, |f(4)|$ のうち少なくとも 1 つは $\dfrac{3}{4}$ 以上である．（証明おわり）

この問題のように，問題解決においては，直接的に攻略（直接証明）しようとしても上手にいかない場合，迂回して違った方向から攻略するという柔軟な発想が要求されます．その一つの方策が，当章で取り上げる間接証明，特に背理法なのです．

問題 5.2

n 個の正の数 $a_1, a_2, \ldots, a_n$ がある．ただし，$n \geq 2$ とする．
$$A = a_1 + a_2 + \cdots + a_n, \quad B = \dfrac{1}{a_1} + \dfrac{1}{a_2} + \cdots + \dfrac{1}{a_n}$$
とおくとき，A，B の少なくとも一方は n 以上であることを証明せよ．

この問題は前章において，問題 4.3 として取り上げたものです．その時は，再形式化のストラテジーを利用して，
「A＋B≧2n ⟹ A, B の少なくとも一方は n 以上」……（＊）の論理関係を利用しました．受験問題に慣れていますと，例えば，
「$a+b+c=0 \Longrightarrow a, b, c$ の少なくとも1つは0以上」（より一般的には，$a+b+c=3n \Longrightarrow a, b, c$ の少なくとも1つは n 以上）等々，結構利用される考え方なのです．

しかし皆さんの多くは，第4章においても，問題 4.3 の解説を読むと納得できるがなじめず，自分自身ではなかなか使いこなせそうもないという印象を持ったのではないのでしょうか．

その点，当ストラテジーを利用しますと，以下のように，「自然に」解決します．

解答

$A < n$, $B < n$ と仮定する．

すると $A + B < 2n$

一方，相加平均≧相乗平均の不等式より，

$$A + B = \sum_{i=1}^{n}\left(a_i + \frac{1}{a_i}\right) \geq 2n$$ となり矛盾が生ずる．

∴ A, B の少なくとも一方は n 以上である．

（実は上の例も，納得できない場合は背理法，即ち $a, b, c < 0$ 或は $a, b, c < n$ と仮定して矛盾を出すこととなります．）

間接証明，とりわけ背理法は心理的にだまし討ちにあったような気がして好きになれないという人も多いことと思います．事実，私が習ったある有名教授もそう言っていました．この問題は，背理法の証明の多くは工夫することにより直接証明に転換することができる，という例の一つとも言えます．

しかし，間接証明を利用することにより思考が節約できることも事実です．また中学時代よりなじみのある，「$\sqrt{2}$ が無理数である」ことの証明において利用されるように，必要不可欠の証明テクニックであることも事実なのです．

第5章 Indirect proof (間接証明)

問題 5.3

n は定まった正の整数，A は $1 \leq x \leq n$ の範囲の整数 x の集合とし，A から A への写像 f があって，次の条件を満たしているとする．

$x_1 \leq x_2$ ならば，つねに $f(x_1) \leq f(x_2)$

このとき，$f(m) = m$ となる整数 m が存在することを示せ．

ある参考書による，この問題に対する直接証明は次の通りです．

答案

A の部分集合 $S = \{x \mid f(x) \geq x, \ x \in A\}$ を考えると，

$f(1) \in S$ だから，$f(1) \geq 1$，よって，$1 \in S$

で，S は空集合でない有限集合だから，S に属する最大の整数 m がある．このとき，$m \in S$ だから $\quad f(m) \geq m$

$m = n$ なら，$f(m) \in A$ だから，$f(m) \leq n = m$ したがって $f(m) = m$

$m < n$ なら，$m + 1 \leq n$ だから，$m + 1 \in A$ で，m が S に属する最大数だから，

$m + 1 \notin S$，したがって $f(m+1) < m + 1$

また，$m < m + 1$ から $f(m) \leq f(m+1)$ だから $\quad m \leq f(m) < m + 1$

m と $m + 1$ の間に整数は存在しないから，上の場合は $\quad m = f(m)$

でなければならない．

よって，S の最大数 m は，$f(m) = m$ を満たしている．

この解答を読みますと，なるほどと思いますが，自力ではこういう解答は書けそうもないという印象を多くの人は持ったのではないでしょうか．

大学における集合論の証明に精通しなければなかなかこのような解答は書けないと思います．また直接証明による他の解法もあることにはありますが，この答案と状況は似たり寄ったりです．

一方，間接証明によりますと，以下のようなごく自然な解答となります．

解答

$1 \leqq m \leqq n$ となるすべての整数 m に対して $f(m) \neq m$ と仮定する.

仮定より $f(1) = i_1 \geqq 2$

条件「$x_1 \leqq x_2 \Longrightarrow f(x_1) \leqq f(x_2)$」より $f(2) = i_2 \geqq i_1 = f(1)$

$i_2 = f(2) \neq 2$, $f(1) = i_1 \geqq 2$ とあわせると,

$i_2 \geqq 3$

以下同様にして $f(3) = i_3 \geqq 4$, $f(4) = i_4 \geqq 5$, ……………………

となるので,

$1 \leqq k \leqq n-1$ なるある整数 k が存在して, $f(k) = i_k = n$ となる.

すると条件「$x_1 \leqq x_2 \Longrightarrow f(x_1) \leqq f(x_2)$」より, $f(k+1) = f(k+2) = \cdots\cdots = f(n) = n$ となり,

仮定 $f(m) \neq m$ に矛盾する.

よって題意が示された.

　間接証明を利用することにより, スムーズに数学的に考えられることが理解できたでしょう. 普通の人は, 間接証明はキライなどと我は張らずに, その効用を素直に認めた方が良さそうです.

　ところで間接証明としては, 既に取り上げたところの背理法の他に, 対偶よる証明, 同一法, 転換法をあげることができます.

　しかし後二者は大学入試ではあまり必要ありません。(興味のある人は平面幾何で調べて下さい. ちなみに, 同一法による証明としては,「チェバの定理の逆」の証明を調べると良いでしょう.)

　以下では, 対偶 (もとの命題 $p \Longrightarrow q$ に対する $\overline{q} \Longrightarrow \overline{p}$) を利用する例題を2題挙げます.

問題 5.4 ─────

　関数 $f(x) = 3x^2 + 2ax + b$ について, $\int_{-1}^{1} |f(x)| dx < 2$ が成り立つとき, $f(x) = 0$ は相異なる実数解をもつことを示せ.

解答

対偶：「$f(x)=0$ が相異なる実数解をもつことはない $\Longrightarrow \int_{-1}^{1}|f(x)|dx \geq 2$」

即ち，「$D/4 = a^2 - 3b \leq 0 \Longrightarrow \int_{-1}^{1}|f(x)|dx \geq 2$」

を証明する．

$D/4 \leq 0$ のとき，$f(x) \geq 0$ より（2次関数における有名な事実です．）

$$\int_{-1}^{1}|f(x)|dx = \int_{-1}^{1}f(x)dx$$
$$= 2\int_{0}^{1}(3x^2 + b)dx \quad \left(\because \int_{-1}^{1}ax\,dx = 0\right)$$
$$= 2 + 2b \geq 2 \quad \left(\because D/4 \leq 0 \Longleftrightarrow b \geq \frac{a^2}{3} \geq 0\right)$$

よって題意が示された．

（この問題は背理法で証明しても，対偶による場合と大差ありません．）

問題 5.5

$f(x) = x^4 - 3x^3 + (a+2)x^2 - 2ax$ とする．
「$f(x) < 0$ ならば $x(x-2) > 0$」
となるように定数 a の値の範囲を定めよ．

解答

$f(x) = x\{x^3 - 3x^2 + (a+2)x - 2a\}$
$= x(x-2)(x^2 - x + a)$
$= x(x-2)g(x)$ とおく．

「$f(x) < 0 \Longrightarrow x(x-2) > 0$」の対偶：

「$x(x-2) \leq 0 \Longrightarrow f(x) = x(x-2)g(x) \geq 0$」

即ち，「$0 \leq x \leq 2 \Longrightarrow g(x) = x^2 - x + a \leq 0$」を利用する．

$g(x) = \left(x - \frac{1}{2}\right)^2 + a - \frac{1}{4}$ より，$0 \leq x \leq 2$ における $g(x)$ の最大値は $g(2)$ で

ある.
∴ $g(2) \leq 0$ となる a の範囲を求めればよい.
$g(2) = 2 + a \leq 0$ より　　$a \leq -2$　……………………（答）

　対偶を利用することによって，考え方が容易になっているところを理解して下さい．これからは，真正面から攻略（直接証明）しにくい時は，迂回作戦（間接証明）と心得ておいて下さい．では最後に演習問題です．

演習 5* 　整数を成分とする行列 $A = \begin{pmatrix} a & b \\ c & d \end{pmatrix}$ について，

$A^3 = E$, $A \neq E$ であるとき，以下の問いに答えよ．

(1) $a + d = -1$ および $ad - bc = 1$ が成り立つことを示せ．

(2) b も c も奇数であることを示せ．

(3) 整数を成分とする行列 B について，
$$B^3 = (AB)^3 = (BA^{-1})^3 = E$$
が成り立つならば，B は E, A^{-1}, A のどれかに一致することを示せ．

第6章 ── Fewer variables (変数を少なくする)

　後で述べますが，当ストラテジーには異なる2つの考え方を含ませています．

　まず通常使われる意味での考え方を次の例題を利用して説明しますので，ちょっと試みて下さい．

問題 6.1

$p, q, r, s > 0$ のとき，

$$\frac{(p^2+1)(q^2+1)(r^2+1)(s^2+1)}{pqrs} \geq 16 \text{ を証明せよ．}$$

　この問題を攻略するポイントは，$16 = 2^4$ を念頭に置きつつ，p, q, r, s と4文字の問題 6.1 を，より単純な 2 文字或いは 1 文字の問題に置き換えて考えることによって，本来の問題 6.1 の解への洞察を得ようとすることです．

　即ち，1文字における問題「$\dfrac{p^2+1}{p} \geq 2$」を類推して，条件 $p > 0$ を利用しようとするならば，相加平均≧相乗平均の類題を解いたという，多くの皆さんが持っている経験，知識が生きてくるはずです．

　そこで $\dfrac{p^2+1}{p} = p + \dfrac{1}{p} \geq 2\sqrt{p \cdot \dfrac{1}{p}} = 2$．(もちろん左辺－右辺≧0 を示すことでも結構です．)

　ここまでくれば問題 6.1 は簡単です．4 文字即ち 4 回掛けあわせるだけですから，左辺≧2^4 となるわけです．

　このように変数が多くてゴタゴタしており，考えにくい問題では，変数の

少ない問題にすりかえて考えることにより，本来の問題への直観を得ていくことが一つの考え方となります．このことを，fewer variables（変数を少なくする）のストラテジーと呼びます．

問題 6.2

任意の実数 x, y, z, r, s に対して，
$$x^2 + y^2 + z^2 + r^2 + s^2$$
$$= (ax + by + cz + dr + es)(Ax + By + Cz + Dr + Es)$$
となる実数 $a, b, c, d, e, A, B, C, D, E$ は存在しないことを示せ．

ストラテジーの予備知識を持たない，ある有名高校 8 名の生徒に実際にこの問題を解いて頂いたところ，どう考えて良いかわからなくて手が付かず全滅でした．

問題 6.1 を通して fewer variables（変数を少なくする）ストラテジーを学習した皆さんはどう考えたら良いかわかるでしょう．

5 文字，或は 4, 3 文字よりも単純化された 2 文字の問題に置き換えて考えてみましょう．（無論，1 文字の問題 $x^2 = ax \times Ax$ からは何の洞察も得られません．）

$$x^2 + y^2 = (ax + by)(Ax + By) \cdots\cdots\cdots\cdots (*)$$
となります．

右辺 $= aAx^2 + (aB + bA)xy + bBy^2$ と展開されます．

左右両辺は x, y についての恒等式より，両辺の係数を比較することにより次の式が得られます．

$$\begin{cases} aA = 1 \cdots\cdots\cdots① \\ aB + bA = 0 \cdots\cdots② \\ bB = 1 \cdots\cdots\cdots③ \end{cases}$$

①，③より $a \neq 0, b \neq 0$ で，$A = \dfrac{1}{a}$, $B = \dfrac{1}{b}$

②に代入して通分すると，$\dfrac{a^2+b^2}{ab}=0$

∴ $a^2+b^2=0 \iff a=b=0$（$ab \neq 0$に矛盾）

よって，①，②，③をみたす a, b, A, B は存在しない．

ここまでくれば，もう問題 6.2 は簡単です．左右両辺の x^2, y^2, xy の係数を比較するならば，今の議論の繰り返しとなり不存在が示されることとなるのです．

以上，fewer variables（変数を少なくする）ストラテジーは理解できたでしょうか．変数のより少ない，考え易い問題によって本来の問題への洞察を得ようとする考え方は，第 1 章で取り上げた analogy（類推）の特殊なものとも言えます．

話が横道にそれますが，ストラテジーと称される一団は研究者によってその内容が異なりますが，このようにグローバルなもの（analogy）と，ローカルなもの（fewer variables）が混じっており，可能ならば整理し直すという作業が残っていることも事実なのです．

本論に戻り，次の問題を考えてみてください．

問題 6.3

$0 < a, b, c, d < 1$ のとき，
$(1-a)(1-b)(1-c)(1-d) > 1-a-b-c-d$
を証明せよ．

この問題は，問題 6.1, 問題 6.2 と異なり，当ストラテジーを単純に適用してすむものではありません．

2 文字の類推問題

$(1-a)(1-b) > 1-a-b$ は

左辺 − 右辺 $= (1-a-b+ab) - (1-a-b) = ab > 0$

より示すことができます．

　しかしこの結果を，今までのようにストレートに問題 6.3 に通用しようとしても解決へと至りません．実は以下のような工夫をして利用するのです．

　$1-c>0$ より，左右両辺にかけることにより，
$$(1-a)(1-b)(1-c)>(1-a-b)(1-c)>1-a-b-c$$

（右側の不等号は，
　　左辺－右辺 $=(1-a-b-c+ab+bc)-(1-a-b-c)$
　　　　　　　$=ab+bc>0$
より成立します．

　また $(1-a)(1-b)>1-a-b$ への類推により，成立することへの見通しも何となく得られるはずです．）

同様にして，
$$(1-a)(1-b)(1-c)(1-d)>(1-a-b-c)(1-d)$$
$$>1-a-b-c-d　（上と同様にして証明できます．）$$

　このように 2 文字のときに得られた結果を，より複雑を形式で利用することを考えぬくということが皆さんに要求されていたのです．

　今までにも同様の局面は存在したのですが，ここにストラテジーの特徴の一つがあります．

　即ち，ストラテジーは公式やテクニックと称されるものとは異なり，暗記するだけで済むものではありません．ストラテジーは考えるべき方向を示唆してくれるものであって，その後は自ら考えること，考えぬくことが要求されているのです．

　もちろん公式やテクニックをすべて暗記するだけですらすらと問題が解ければそれに越したことはありません．しかし数学はそうするには広汎すぎること，皆さんの経験でも明らかでしょう．また数学はユークリッド幾何に代表されるように，紀元前よりかなりの程度の学問レベルで存続していることを考え併せてみても，単純にすますことができないことを納得できることと思います．

第6章 Fewer variables（変数を少なくする）

話が少々横道にそれてしまいましたが，ストラテジーの教育的価値はこうした点にもあるのです．

話を本筋に戻しますと，当ストラテジーには，今までとは異なるタイプの考え方も含まれています．次の問題を見て下さい．

問題 6.4

実数 a, b, c について
$$a+b+c=1, \quad a^2+b^2+c^2=\frac{1}{3}$$
の関係があるとき，a, b, c の値を求めよ．

この問題への一つの考え方は文字をへらしていくことです．

例えば，$c=1-(a+b)$ を第2式に代入して，c を消去してみましょう．

$a^2+b^2+\{1-(a+b)\}^2=\frac{1}{3}$ より，

$$a^2+(b-1)a+b^2-b+\frac{1}{3}=0$$

a について平方完成して，

$\left(a+\dfrac{b-1}{2}\right)^2-\dfrac{(b-1)^2}{4}+b^2-b+\dfrac{1}{3}=0$ より，

$$\left(a+\frac{b-1}{2}\right)^2+\frac{3}{4}\left(b-\frac{1}{3}\right)^2=0$$

$\therefore \quad a+\dfrac{b-1}{2}=0, \quad b-\dfrac{1}{3}=0$

よって $a=b=\dfrac{1}{3}$

$c=1-(a+b)$ に代入して，$a=b=c=\dfrac{1}{3}$ ……………… （答）

多くの変数を含んでいる問題では，より少ない数の変数の形に置き換えて考えていくことが解決への重要なステップなのです．

そこで，fewer variables（変数を少なくする）には，「文字通り」文字をへらしていく考え方も含ませているのです．

問題 6.5

$x+y+z=3a$, $xy+yz+zx=3a^2$ が成立するとき，x, y, z のすべてが a に等しいことを証明せよ．

実は，この問題は第 4 章において問題 4.1（2）として既に取り上げたものです．

第 4 章では，「再形式化」のストラテジーにより，
$(x-a)^2+(y-a)^2+(z-a)^2=0$ を条件式から導き出して証明しました．

問題 6.5 に対して，当ストラテジーを利用しますと次のような別解が得られます．

解答

$(x+y+z)^2=9a^2=3(xy+yz+zx)$
より a を消去して左辺 − 右辺を計算すると，
$x^2+y^2+z^2-xy-yz-zx=0$
$\iff \dfrac{1}{2}\{(x-y)^2+(y-z)^2+(z-x)^2\}=0$
$\therefore\ x=y=z$
$x+y+z=3a$ より $x=y=z=a$

（問題 4.1（1）も同様にできます．よかったら試みて下さい．）

文字をへらしていくという考え方は，今まで意識していなかったにせよ（明確に表現するところに，ストラテジーの特徴があります．），多くの皆さんが利用していたことと思います．その点において利用し易いストラテジーと言えます．

第 6 章 Fewer variables（変数を少なくする） 55

では次の問題を試みて下さい.

問題 6.6

点 A(1, 0, 1) を中心とする半径 1 の球 S と点 B(3, 0, 3) がある. 点 B から球 S に接線をひいていったとき, 接線と平面 $z=0$ との交点 Q の軌跡の方程式を求めよ.

この問題は多くの参考書において,「逆思考」による解答が書かれており, 難問に位置付けされています.

当ストラテジーを利用しますと, 計算は少々面倒となりますが, 見通しのある「順思考」の解答が得られます.

（解答例）

本書では取り上げていませんが, draw a figure, diagram（絵, 図を書く）ストラテジーを利用して次のような図を書き, そして make up equations（式を作る）ストラテジーを利用しますと以下の5つの式が得られます.

P(a, b, c), Q($x, y, 0$) とおくと,

$$\overrightarrow{AP} = \begin{pmatrix} a-1 \\ b \\ c-1 \end{pmatrix}, \quad \overrightarrow{BP} = \begin{pmatrix} a-3 \\ b \\ c-3 \end{pmatrix}, \quad \overrightarrow{BQ} = \begin{pmatrix} x-3 \\ y \\ -3 \end{pmatrix}$$

$|\overrightarrow{AP}|^2 = 1$, $\overrightarrow{AP} \perp \overrightarrow{BP}$ より,

$(a-1)^2 + b^2 + (c-1)^2 = 1$ ……………①

$\overrightarrow{AP} \cdot \overrightarrow{BP} = (a-1)(a-3)$
$\qquad\qquad + b^2 + (c-1)(c-3) = 0$
$\iff (a-1)\{(a-1)-2\} + b^2$
$\qquad\qquad + (c-1)\{(c-1)-2\} = 0$
$\iff$
$(a-1)^2 + b^2 + (c-1)^2 = 2(a-1) + 2(c-1)$

①を利用して,

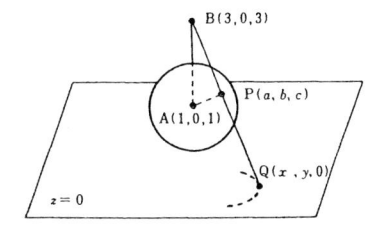

$2a + 2c = 5$ ･････････････････････②

$\overrightarrow{BP} = t\overrightarrow{BQ}$ より

$\begin{cases} a - 3 = t(x-3) \cdots\cdots ③ \\ b = ty \cdots\cdots ④ \\ c - 3 = -3t \cdots\cdots ⑤ \end{cases}$ ⟺ $\begin{cases} a - 1 = t(x-3) + 2 \cdots\cdots ③' \\ b = ty \cdots\cdots ④' \\ c - 1 = 2 - 3t \cdots\cdots ⑤' \end{cases}$

以上，文字6個による等式を5個作りました．5つの式より文字をへらして行くならば，最後に x, y だけの式が1つ残ることが見通せるはずです．そしてそれが Q 点の x, y が満たすべき式即ち求める軌跡なのです．

そこで以下のような（一例です．）式変形をおこない結論が得られます．

③′，④′，⑤′を①に代入

$\{t(x-3) + 2\}^2 + (ty)^2 + (2-3t)^2 = 1$ ･･････････････････⑥

③′，⑤′を②に代入

$2\{t(x-3) + 3\} + 2(3-3t) = 5 \iff t = \dfrac{-7}{2(x-6)}$ ･･････････⑦

⑥を展開 $t^2(x-3)^2 + 4t(x-3) + 4 + t^2y^2 + 4 - 12t + 9t^2 = 1$

⑦を代入

$\dfrac{49(x-3)^2}{4(x-6)^2} - \dfrac{14(x-3)}{(x-6)} + 7 + \dfrac{49y^2}{4(x-6)^2} + \dfrac{42}{(x-6)} + \dfrac{9 \cdot 49}{4(x-6)^2} = 0$

$\downarrow \times \dfrac{4}{7}(x-6)^2$

$7(x-3)^2 - 8(x-3)(x-6) + 4(x-6)^2 + 7y^2 + 24(x-6) + 63 = 0$

$(x-3)(27-x) + 4(x-6) \cdot x + 7y^2 + 63 = 0$

$3x^2 + 6x + 7y^2 = 18$

$3(x+1)^2 + 7y^2 = 21$

$\therefore \dfrac{(x+1)^2}{7} + \dfrac{y^2}{3} = 1, \ z = 0$ ････････････････････（答）

逆思考による解答は重要かつ有名なテクニックになっていますので，参考までに以下にのせておきます．

（逆思考による解答）

Q$(x, y, 0)$ とおくと，直線 BQ 上の点 P は実数 t により以下のように表される．

$$\overrightarrow{OP} = t\overrightarrow{OQ} + (1-t)\overrightarrow{OB} = t\begin{pmatrix} x \\ y \\ 0 \end{pmatrix} + (1-t)\begin{pmatrix} 3 \\ 0 \\ 3 \end{pmatrix} = \begin{pmatrix} tx + 3 - 3t \\ ty \\ 3 - 3t \end{pmatrix}$$

球 S：$(x-1)^2 + y^2 + (z-1)^2 = 1$ に代入して，

$\{(x-3)t + 2\}^2 + (ty)^2 + (2 - 3t)^2 = 1$

∴ $(x^2 + y^2 - 6x + 18)t^2 + 4(x - 6)t + 7 = 0$

直線 BQ が球 S と接することより（逆思考 !!），

$D/4 = 4(x-6)^2 - 7(x^2 + y^2 - 6x + 18) = 0$

よって $\dfrac{(x+1)^2}{7} + \dfrac{y^2}{3} = 1, \quad z = 0$ ……………………（答）

fewer variables（変数を少なくする）には 2 つのタイプがありました．どちらも十分にマスターできたことと思います．

最後に演習問題です．

演習 6 $a, b, c > 0$ とする．

$a(1-b) > \dfrac{1}{4}, \quad b(1-c) > \dfrac{1}{4}, \quad c(1-a) > \dfrac{1}{4}$

が同時に成立しないことを証明せよ．

第7章 ── Symmetry（シンメトリー）

当章ではシンメトリーについて説明します．一般的には訳語として「対称性」という言葉が当てられています．しかし多くの皆さんは表題を見ただけで当章の内容が想像できることと思います．それ程までに日常においても浸透している概念とも言えます．

以下において，例題を通して改めてその具体的内容を説明していくこととします．

問題 7.1

三角形 ABC において，$\tan A$，$\tan B$，$\tan C$ の値がすべて整数であるとき，それらの値を求めよ．

この問題のように手掛かりの少ない問題は一般的には解き難いものです．しかしシンメトリーを利用しますと，たちまち出口が見えてきます．

（解答例）

$$A \leq B \leq C \quad \cdots\cdots\cdots\cdots (*)$$

としてまず答を求める．

$\pi = A+B+C \geq 3A$ より $0 < A \leq \dfrac{\pi}{3}$

tan のグラフを考えると，$0 < \tan A \leq \sqrt{3}$

$\tan A$ は整数より $\tan A = 1$ ∴ $A = \dfrac{\pi}{4}$

すると $B+C = \dfrac{3}{4}\pi$ となり，自然に tan の加法定理を思いつくはずです．

$-1 = \tan(B+C) = \dfrac{\tan B + \tan C}{1 - \tan B \tan C}$ より,

$\tan B \tan C - (\tan B + \tan C) - 1 = 0$

$(\tan B - 1)(\tan C - 1) = 2$

$1 \leqq \tan B \leqq \tan C$ より $\begin{cases} \tan B - 1 = 1 \\ \tan C - 1 = 2 \end{cases}$ ∴ $\tan B = 2$, $\tan C = 3$

よって求める値は 1 と 2 と 3 ……………………………（答）
（念のため注意しておきますが，
$B+C = \dfrac{3}{4}\pi$, $A = \dfrac{\pi}{4} \leqq B \leqq C$ より $C \leqq \dfrac{\pi}{2}$ となります．$\tan C$ が整数より
$A = \dfrac{\pi}{4} < B \leqq C < \dfrac{\pi}{2}$ となり，A, B, C すべて鋭角となることがわかります．）

　シンメトリーを利用して，一旦（＊）のような大小関係を設定して，一組の答を見つけようとすることがポイントです．
　こう書かれますと，皆さんの多くは類題を解いた経験を思い出すのではないでしょうか．例えば以下の問題も全く同様です．

問題 7.2

$\dfrac{1}{a} + \dfrac{1}{b} + \dfrac{1}{c} = 1$ をみたす自然数 a, b, c を求めよ．

解答

$a \leqq b \leqq c \iff \dfrac{1}{a} \geqq \dfrac{1}{b} \geqq \dfrac{1}{c}$ とする．

$1 = \dfrac{1}{a} + \dfrac{1}{b} + \dfrac{1}{c} \leqq \dfrac{3}{a}$ より,

$1 < a \leqq 3$ （∵ $a = 1$ とすると $\dfrac{1}{b} + \dfrac{1}{c} = 0$ となり不適）

∴ $a = 2, 3$

（ⅰ） $a = 2$ のとき

$$\frac{1}{2} = \frac{1}{b} + \frac{1}{c} \leq \frac{2}{b}$$ より，

$a = 2 < b \leq 4$ （$\because b = 2$ とすると $\frac{1}{c} = 0$ となり不適）

$\therefore \quad b = 3, 4$

$\frac{1}{b} + \frac{1}{c} = \frac{1}{2}$ に代入して, $c = 6, 4$

(ii) $a = 3$ のとき

$\frac{1}{b} + \frac{1}{c} = \frac{2}{3}$, $\frac{1}{c} \leq \frac{1}{b} \leq \frac{1}{a} = \frac{1}{3}$ より $b = c = 3$

求める a, b, c の組は，

$(2, 3, 6), \ (2, 4, 4), \ (3, 3, 3)$ ……………… （答）

問題 7.3

次の条件を満たす x, y, z を座標とする点全体の集合を R とする．
$$\begin{cases} 0 \leq x, \ 0 \leq y, \ 0 \leq z \\ \max(x, y, z) \leq a \ \cdots\cdots\cdots\cdots\cdots\cdots ① \\ x + y + z - \min(x, y, z) \leq a + b \ \cdots\cdots ② \end{cases}$$
R の体積 V を求めよ．ただし，a, b は定数で，$0 < b < a$ とする．

解きにくそうなこの問題もシンメトリーを利用することによって，以下のように単純化されます．

解答

R のうち，$x \leq y \leq z$ の部分 K を考える．（x, y, z の大小関係は全部で $3! = 6$ 通りあります．）対称性より K の体積は $\frac{V}{6}$ となり，以下 K の体積を求めればよいこととなる．

$\max(x, y, z) = z, \ \min(x, y, z) = x$ を利用して

① より $z \leq a$

② より $x + y + z - x \leq a + b$ $\qquad \therefore \ y + z \leq a + b$

よって K, 即ち,
$$0 \leq x \leq y \leq z \leq a, \quad y+z \leq a+b \cdots\cdots\cdots\cdots\cdots (*)$$
の体積を求めればよい.

平面 $z=t$ $(0 \leq t \leq a)$ による K の切り口の面積を $S(t)$ とおく. (一般に $(*)$ のような体積を求める場合,「一番多く現れる文字 $=t$」とおくのが定石です.)

$0 \leq x \leq y \leq t \leq a$,
$y \leq a+b-t$ より

(ⅰ) $a+b-t \geq t \iff 0 \leq t \leq \dfrac{a+b}{2}$

のとき, $0 \leq x \leq y \leq t$ より
$$S(t) = \frac{1}{2}t^2$$

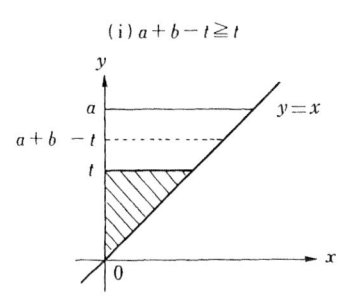

(ⅱ)図 $a+b-t \geq t$

(ⅱ) $a+b-t \leq t \iff \dfrac{a+b}{2} \leq t \leq a$

のとき, $0 \leq x \leq y \leq a+b-t$ より
$$S(t) = \frac{1}{2}(a+b-t)^2$$
$$= \frac{1}{2}\{t-(a+b)\}^2$$

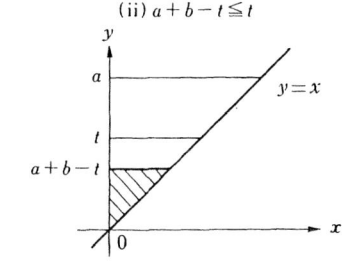

(ⅱ)図 $a+b-t \leq t$

$$\therefore \quad \frac{V}{6} = \int_0^{\frac{a+b}{2}} \frac{1}{2}t^2 dt + \int_{\frac{a+b}{2}}^a \frac{1}{2}\{t-(a+b)\}^2 dt$$
$$= \frac{1}{6}\left[[t^3]_0^{\frac{a+b}{2}} + [\{t-(a+b)\}^3]_{\frac{a+b}{2}}^a\right]$$
$$= \frac{1}{6}\left\{\left(\frac{a+b}{2}\right)^3 - b^3 + \left(\frac{a+b}{2}\right)^3\right\}$$
$$= \frac{1}{6} \cdot \frac{a^3+3a^2b+3ab^2-3b^3}{4}$$

$$\therefore \quad V = \frac{a^3 + 3a^2b + 3ab^2 - 3b^3}{4} \quad \cdots\cdots\cdots\cdots\cdots\cdots\cdots \text{(答)}$$

シンメトリーの効用が理解できましたか．以上のような一般的な問題では，一旦大小関係を設定して一組の答を求めるのが数学的な考え方なのです．

ところでシンメトリーの議論は以上のタイプで尽きるわけではありません．以下では，他のタイプを説明していくこととします．

問題 7.4

一辺の長さが 1 である正三角形 ABC の辺 AB, BC, CA 上に点 P, Q, R を，
$$\frac{AP}{AB} + \frac{BQ}{BC} + \frac{CR}{CA} = 1 \quad \cdots\cdots\cdots\cdots\cdots\cdots (*)$$
となるようにとる．このとき，三角形 PQR の面積の最大値を求めよ．

普通に解こうとすると以下のようになります．

解答

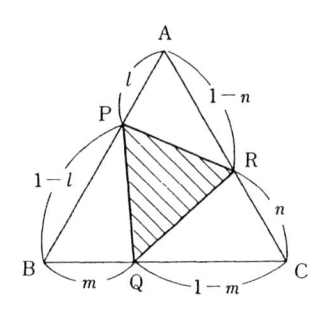

右図のように l, m, n をとると，条件 $(*)$ より

$l + m + n = 1,$

$l, m, n > 0$

$\triangle PQR = \triangle ABC - (\triangle BQP + \triangle CRQ + \triangle APR)$ より，

$$\triangle PQR = \frac{\sqrt{3}}{4} - \frac{1}{2}\{(1-l)m + (1-m)n + (1-n)l\}\sin 60°$$

$$= \frac{\sqrt{3}}{4} - \frac{\sqrt{3}}{4}\{(l+m+n) - (lm+mn+nl)\}$$

$$= \frac{\sqrt{3}}{4}(lm + mn + nl) \quad \cdots\cdots\cdots\cdots\cdots\cdots ①$$

$n = 1 - (l + m)$ より［文字を少なくする！］

第 7 章　Symmetry（シンメトリー）

$$\triangle \text{PQR} = \frac{\sqrt{3}}{4}[lm + (m+l)\{1-(l+m)\}]$$
$$= \frac{-\sqrt{3}}{4}\{l^2 + (m-1)l + m^2 - m\}$$
$$= \frac{-\sqrt{3}}{4}\left\{\left(l + \frac{m-1}{2}\right)^2 + \frac{3}{4}\left(m^2 - \frac{2}{3}m\right) - \frac{1}{4}\right\}$$
$$= \frac{\sqrt{3}}{4}\left\{-\left(l + \frac{m-1}{2}\right)^2 - \frac{3}{4}\left(m - \frac{1}{3}\right)^2 + \frac{1}{3}\right\} \leqq \frac{\sqrt{3}}{12}$$

$l + \dfrac{m-1}{2} = 0$, $m - \dfrac{1}{3} = 0$ より

$l = m = n = \dfrac{1}{3}$ のとき最大値 $\dfrac{\sqrt{3}}{12}$ となる………………（答）

シンメトリーを利用して，$l = m = n = \dfrac{1}{3}$ のとき最大だとあたりを付けますと，以下のように l, m, n を a, b, c に置き換えることにより，計算が楽になります。

$l = \dfrac{1}{3} + a$, $m = \dfrac{1}{3} + b$, $n = \dfrac{1}{3} + c$ とおくと，

$l + m + n = 1$ より，$a + b + c = 0 \iff c = -(a+b)$

①より

$\triangle \text{PQR}$
$$= \frac{\sqrt{3}}{4}\left\{\left(a + \frac{1}{3}\right)\left(b + \frac{1}{3}\right) + \left(b + \frac{1}{3}\right)\left(c + \frac{1}{3}\right) + \left(c + \frac{1}{3}\right)\left(a + \frac{1}{3}\right)\right\}$$
$$= \frac{\sqrt{3}}{4}\left\{ab + bc + ca + \frac{2}{3}(a+b+c) + \frac{1}{3}\right\}$$
$$= \frac{\sqrt{3}}{4}(ab + bc + ca) + \frac{\sqrt{3}}{12}$$
$$= \frac{\sqrt{3}}{4}\{ab - (a+b)^2\} + \frac{\sqrt{3}}{12} \quad (\because c = -(a+b))$$
$$= \frac{-\sqrt{3}}{4}(a^2 + ab + b^2) + \frac{\sqrt{3}}{12}$$
$$= \frac{-\sqrt{3}}{4}\left\{\left(a + \frac{b}{2}\right)^2 + \frac{3}{4}b^2\right\} + \frac{\sqrt{3}}{12} \leqq \frac{\sqrt{3}}{12}$$

私たちは，l, m, n の対称性から $l=m=n$ において最大値が達成されることを期待したくなりますが，その期待は裏切られないということです．

問題 7.5

実数 a, b, c について，
$$a+b+c=1, \quad a^2+b^2+c^2=\frac{1}{3}$$
の関係があるとき，a, b, c の値を求めよ．

---

fewer variables（変数を少なくする）の章において，問題 6.4 として取り上げた問題です．

シンメトリーを利用して，答は $a=b=c=\frac{1}{3}$ であると見抜けば，以下のような解答もできます．

解答

$\left(a-\dfrac{1}{3}\right)^2+\left(b-\dfrac{1}{3}\right)^2+\left(c-\dfrac{1}{3}\right)^2$ ［再形式化！］

$= a^2+b^2+c^2-\dfrac{2}{3}(a+b+c)+\dfrac{1}{3}$

$= \dfrac{1}{3}-\dfrac{2}{3}+\dfrac{1}{3}=0$

$\therefore a=b=c=\dfrac{1}{3}$ ……………………（答）

鮮やかなものでしょう．しかし鮮やかなるが故に気を付けて利用して下さい．即ち，シンメトリーがくずれている問題には当然適用できません．実際，次の問題を見て下さい．

問題 7.6

縦 x，横 y，高さ z の長さの和が a で表面積が $\dfrac{a^2}{2}$ となる直方体の体積を V とする．このとき，V の最大値を求めよ．

第7章 Symmetry（シンメトリー） 65

一見すると，シンメトリーが成立していて，$x=y=z=\dfrac{a}{3}$ の立方体のとき体積が最大となるように思います．実際，私の教えた学生の中にも，$x=y=z=\dfrac{a}{3}$ のときVは最大値 $\dfrac{a^3}{27}$ として，すました顔をしていた者が結構いました．

残念ながらこの問題では $x=y=z=\dfrac{a}{3}$ のとき，表面積は $\dfrac{a^2}{2}$ とはなりません．シンメトリーがくずれているのです．シンメトリーが成り立っている問題にのみ利用するよう気を付けて下さい．

ちなみにこの問題は体積Vを，例えば z で表した後，普通に微分して増減表を作りますと，3辺が $\dfrac{a}{6}, \dfrac{a}{6}, \dfrac{2}{3}a$ のとき最大値 $\dfrac{a^3}{54}$ となります．よかったら試してください．

以上，シンメトリーの代表的なタイプ2つを紹介しました．これで尽きるものではありません．以下では，3つの例題を利用して，その他3タイプを紹介することにします．

問題 7.7

A(0, 0, 6), B(0, 0, 20) とする．xy 平面上の点 P$(x, y, 0)$ で，$\angle APB \geqq 30°$ をみたすものの全体が作る図形の面積を求めよ．

どのような図形になるかを考えてみますと，もしある点Pが条件をみたすとするとシンメトリーから，Oを中心としてOPを半径とする円周上の点はすべて条件をみたすことに気が付きます．即ち，図にシンメトリーが成立していると言えます．そこでOPの距離に着目すればよいことになります．

解答

OP $= k$ とおくと，

$\tan \angle OPB = \dfrac{20}{k}, \quad \tan \angle OPA = \dfrac{6}{k}$ ……………（*）

∠APB ≧ 30° より tan∠APB ≧ $\frac{1}{\sqrt{3}}$

∴ tan(∠OPB − ∠OPA) ≧ $\frac{1}{\sqrt{3}}$

加法定理により展開して（＊）を代入すると，

$$\frac{\frac{20}{k} - \frac{6}{k}}{1 + \frac{20}{k} \cdot \frac{6}{k}} \geq \frac{1}{\sqrt{3}}$$

分母を払って整理すると，

$k^2 - 14\sqrt{3}\,k + 120 \leq 0$

∴ $4\sqrt{3} \leq k \leq 10\sqrt{3}$ （ドーナツ状の図形となることがわかりました．）

よって求める面積は，

$\pi(10\sqrt{3})^2 - \pi(4\sqrt{3})^2 = 252\pi$ ……………………（答）

問題 7.8

点 O を中心とする半径 1 の円 C に含まれる 2 つの円 C_1, C_2 を考える．ただし C_1, C_2 の中心 O_1, O_2 は C の直径 AB 上にあり，C_1 は点 A で，また C_2 は点 B でそれぞれ C と接している．また C_1, C_2 の半径をそれぞれ a, b とする．C 上の点 P から C_1, C_2 に 1 本ずつ接線を引き，それらの接点を Q, R とする．

(1) ∠POA = θ とするとき，PQ を θ で表せ．
(2) P を C 上で動かしたときの PQ + PR の最大値を求めよ．

シンメトリーより，P は上半円周上にあるとして一般性を失いません．そこで $P(\cos\theta, \sin\theta)$，$0 \leq \theta \leq \pi$ とおきます．

後は，点線のような補助線をひき，余弦定理と三平方の定理を利用すれば (1) は解決します．

$O_1P^2 = OO_1^2 + OP^2 - 2OO_1 \cdot OP \cdot \cos\theta$
$\quad\quad = (1-a)^2 + 1 - 2(1-a)\cos\theta$

第7章　Symmetry（シンメトリー）

$$= a^2 + 2(1-a)(1-\cos\theta)$$
$$PQ^2 = O_1P^2 - O_1Q^2$$
$$= 2(1-a)(1-\cos\theta)$$
$$= 4(1-a)\sin^2\frac{\theta}{2} \quad (半角の公式)$$
$$\therefore PQ = 2\sqrt{1-a}\sin\frac{\theta}{2} \cdots\cdots (1)の（答）$$

(2)ではまず PR の長さを求めなければなりません．(1)と同様の計算をしてもよいのですが，いわゆる「論理の対称性」が成り立っています．即ち，(1)の答において，$\theta \to \varphi = \pi - \theta$, $a \to b$ と置換すれば PR が求まるはずです!!

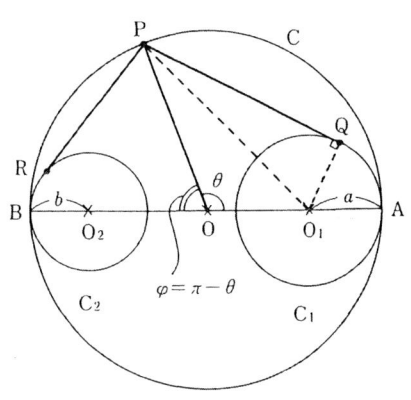

そこで $PR = 2\sqrt{1-b}\sin\dfrac{\pi-\theta}{2} = 2\sqrt{1-b}\cos\dfrac{\theta}{2}$

後は普通に三角関数の合成を利用すればよいでしょう．

$$PQ + PR = 2\left(\sqrt{1-a}\sin\frac{\theta}{2} + \sqrt{1-b}\cos\frac{\theta}{2}\right)$$
$$= 2\sqrt{2-a-b}\sin\left(\frac{\theta}{2} + \alpha\right)$$

ここで，$\sqrt{1-a}, \sqrt{1-b} > 0$ より，α は $0 < \alpha < \dfrac{\pi}{2}$ の角となります．

そこで，$\alpha \leq \dfrac{\theta}{2} + \alpha \leq \dfrac{\pi}{2} + \alpha$ より $\dfrac{\theta}{2} + \alpha = \dfrac{\pi}{2}$ となる θ が存在するので最大値は $2\sqrt{2-a-b}$ ………… (答)

いろいろなシンメトリーが利用されていることに注意して下さい．最後となる次の問題 7.9 は，文字通り対称式に関係する問題です．

問題 7.9

$k > 0$ とする xy 平面上の二曲線，
$y = k(x - x^3)$ ……………① ，$x = k(y - y^3)$ ……………②
が第1象限に $\alpha \neq \beta$ なる交点 (α, β) をもつような k の範囲を求めよ．

第8章 —— Logical reasoning（論理的推論）

　この本の読者の大半は高校生，それも高学年の人であると思います．皆さんは高等学校に進学して以来，中学時代と比較して，数学が随分と難しくなったという印象を持っているのではないでしょうか．それは，よりハイレベルな教育機関へ進学した以上，当然のことであります．

　実際，中学時代と比べ高等学校で学ぶ数学はかなり質的に変化していると筆者は考えます．

　例えば，当本と話題は少々異なってしまいますが，高等学校における数学では中学校時代の数学と比較して，文字の登場する頻度がぐっと高いはずです．

　また，

「aが実数の範囲を動くとき，

　　直線 $y = 2ax + 1 - a^2$

　が通る領域を求めよ．」

という問題のように，中学時代の数学とは質的に異なった文字の利用の仕方が高等学校の数学では登場していると筆者は思います．

　（参考までに，上記の問題の略解を以下に記しておきます．

　a の2次方程式

$f(a) = a^2 - 2xa + y - 1 = 0$ において，

実数解 a が存在するような点 (x, y) が求める領域となる．

$\dfrac{D}{4} = x^2 - y + 1 \geqq 0$

$\therefore y \leqq x^2 + 1$ ………………………（答）　　　［図略］）

第8章 Logical reasoning（論理的推論）

さて，高等学校における数学の特徴のもう一つとして，「命題と証明」という節が教科書に登場するように，論理的性格が強くなるということを挙げることができます．またそれに付随していくつかの数学的論法も登場してきます．

こうしたことをこの本が扱うのは当章が始めてというわけではありません．既に第5章において，背理法或いは対偶による証明が登場しています．また他章においても部分，部分において登場している考え方でもあるのです．当章ではこうした論理的側面を明確にそしてまとめて取り扱おうということなのであります．

以下では文章を簡潔に記述するために次の記号を導入することとします．
(1) 例えば x^2-1 が $x+1$ でわりきれることを $(x+1)|(x^2-1)$ と記して，わりきれることの記号 | を導入します．
(2) 「または (or)」として ∨ を，「かつ (and)」として ∧ の記号を導入します．すると論理のドモルガンの法則は次のように記号化されます．
$$\overline{p \vee q} \iff \overline{p} \wedge \overline{q}, \quad \overline{p \wedge q} \iff \overline{p} \vee \overline{q}$$
（上に付いている傍線は否定を表します．）
(3) 「すべての x」を $\forall x$，「ある x」を $\exists x$ と記すことにより存称記号を導入します．（∀ は「すべて (all)」の頭文字 A をひっくり返したもの，また ∃ は「ある (exist)」の頭文字 E をひっくり返したものです．）

数学において論理とは一体何なのでしょう．これは非常に答えにくい質問です．人によって様々な答が返ってくることと思います．ここでは次のように比喩しておきます．

問題を解こうとするというように，数学をする，換言して「数学において会話する」ときに従うべき文法が論理なのです．

ところで当章の論理的推論 (logical reasoning) ストラテジーの強調したいところは，記号論理のもつ「形式性」ということなのです．こう言っても始

めての人には何だかさっぱりわからないでしょうから具体的な例題を利用して説明してゆくこととします．

問題 8.1

整式 $f(x)$ についての 2 つの条件 p, q を

p : 整式 $f(x)$ は x^2-1 で割り切れる．

q : 整式 $f(x)$ は x^3-x^2+x-1 で割り切れる．

として定義する．

p, q の真理集合をそれぞれ P, Q とするとき，

次の条件の真理集合を P, Q を用いて表せ．

「整式 $f(x)$ は $x+1$ でも $x-1$ でも割り切れるが x^4-1 では割り切れない．」

(解答例)

$x^3-x^2+x-1=(x-1)(x^2+1)$ と因数分解されることより，P, Q は次のように記号化されます．

P $= \{f(x) ; (x-1)|f(x) \land (x+1)|f(x)\}$

Q $= \{f(x) ; (x-1)|f(x) \land (x^2+1)|f(x)\}$

一方，問題の条件は $x^4-1=(x^2-1)(x^2+1)$ より次のように記号化されます．

$[(x-1)|f(x) \land (x+1)|f(x)] \land \overline{[(x^2-1)|f(x) \land (x^2+1)|f(x)]}$

そこで求める真理集合は逐語的に次のように記号化されることとなり，式変形によって答に到達します．

P$\cap(\overline{P \cap Q})$

$= P \cap (\overline{P} \cup \overline{Q})$ （ドモルガンの法則）

$= (P \cap \overline{P}) \cup (P \cap \overline{Q})$ （分配法則）

$= \phi \cup (P \cap \overline{Q})$

$= P \cap \overline{Q}$ ……………………… (答)

問題 8.1 は導入問題として簡単な例をもってきましたので問題の内容を考えることでも自然と解答に到達することとは思います．一方，上の（解答例）が論理規則に従い，内容に立ち入ることなく，「形式的」に処理している特徴に注目しておいて下さい．

では次の 2 題をちょっと考えてみて下さい．

問題 8.2

1 回の試行によって起こる 2 つの事象 A，B に対して $P(\overline{A} \cup \overline{B}) = \frac{3}{4}$，$P_A(B) = \frac{1}{3}$ である．
このとき $P(A)$ を求めよ．
さらに，A と B が独立のとき $P(A \cup B)$ を求めよ．

問題 8.3

ある事件 K において証人 A と B はその事件 K が起こったと言い，証人 C は起こらなかったと述べた．いま証人 A，B，C が真実を語る確率がそれぞれ $\frac{4}{5}$，$\frac{5}{7}$，$\frac{8}{9}$ であるとき事件 K が実際に起こっている確率を求めよ．
ただし事件 K の起こる確率と，起こらない確率は等しいものとする．

いわゆる「条件付き確率」と呼ばれるタイプの問題です．このタイプの問題に対しては以下のように，図を書くことにより具体化して考える方法（解答 1）と論理（計算）規則に従い「形式的」に処理する方法（解答 2）が考えられます．

(解答1)

右図のように面積 a, b, c, d を定めると

$P(\overline{A} \cup \overline{B}) = \dfrac{3}{4} \iff a + c + d = \dfrac{3}{4}$

$P_A(B) = \dfrac{1}{3} \iff \dfrac{b}{a+b} = \dfrac{1}{3}$

また，$a + b + c + d = 1$

$\therefore b = \dfrac{1}{4}, \ a = \dfrac{1}{2}$ よって $P(A) = a + b = \dfrac{3}{4}$

AとB独立 $\iff P(A \cap B) = P(A)P(B)$ であるなら $b = (a+b)(b+c)$

$\therefore c = \dfrac{1}{12}$

よって $P(A \cup B) = a + b + c = \dfrac{5}{6}$ ……………………（答）

(解答2)

$\dfrac{3}{4} = P(\overline{A} \cup \overline{B}) = P(\overline{A \cap B})$

$P(A \cap B) = 1 - P(\overline{A \cap B}) = \dfrac{1}{4}$

一方，$P(A \cap B) = P(A) \cdot P_A(B) = P(A) \cdot \dfrac{1}{3}$

$\therefore P(A) = \dfrac{3}{4}$ ………………………………（答）

AとBが独立 $\iff P(A \cap B) = P(A) \cdot P_A(B) = P(A) \cdot P(B)$

$\iff P_A(B) = P(B)$

$P(A \cup B) = P(A) + P(B) - P(A \cap B)$

$= \dfrac{3}{4} + \dfrac{1}{3} - \dfrac{3}{4} \cdot \dfrac{1}{3}$

$= \dfrac{5}{6}$ ……………………………（答）

どちらの解答の方が良いとかいうレベルの話ではありません．例えば（解答1）のように絵，図を書くことにより問題文を具体化することによって思考を進めることは多くの場合において極めて大切な考え方です．どちらも重要な考え方なのです．

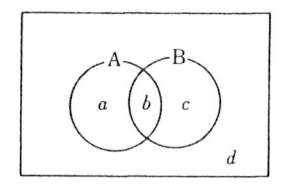

第8章 Logical reasoning（論理的推論） 75

ただしここでは（解答2）の考え方に従いますと，内容に立ち入って考える必要がなく，形式的にてきぱきと処理することが可能となり，結局，思考が節約できている点を理解しておいて下さい．

こうした形式的処理による考え方は決して目新しいものではありません．実は中学時代より利用している考え方でもあるのです．

例えば，「あるクラス（x 人）にりんごを5個ずつ配ろうとしたら2個足らず，3個ずつ配ったところ38個余りました．クラスの人数を求めなさい．」
という問題を例にとりましょう．

$5x - 2 = 3x + 38$ ……………………(1)
$5x - 3x = 38 + 2$ ……………………(2)
∴ $x = 20$

(1)の式を立式するとき，りんごの個数という具体的な意味を考えています．

しかし (2) の式へと変形するとき，左右両辺の意味することを考えはしません．「移項」という計算規則に従って形式的に変形しているだけなのです．その結果，てきぱきと答が求まるのです．

具体的な意味内容から離れる形式的処理の長所が理解して頂けたと思います．

また問題によってはどちらか一方の考え方によらなければ考えにくい問題もあります．例えば問題 8.3 は図を書いて具体的に考えられなくもありませんが，かなり面倒だと思います．

一方，当ストラテジーに従いますと，問題 8.3 は次のようにあっさりと処理されます．

解答

問題文の最後より $P(K) = P(\overline{K}) = \dfrac{1}{2}$

T：「証人 A，B，C が問題文に書いてあるように証言した」
という事象とおくと，

求める確率は $P_T(K)$ である.

$$P_T(K) = \frac{P(T \cap K)}{P(T)} = \frac{P(K \cap T)}{P(T)}$$

$$= \frac{P(K \cap T)}{P(K \cap T) + P(\overline{K} \cap T)}$$

$$= \frac{P(K) \cdot P_K(T)}{P(K) \cdot P_K(T) + P(\overline{K}) \cdot P_{\overline{K}}(T)}$$

$$= \frac{\frac{1}{2} \cdot \frac{4}{5} \cdot \frac{5}{7} \cdot \frac{1}{9}}{\frac{1}{2} \cdot \frac{4}{5} \cdot \frac{5}{7} \cdot \frac{1}{9} + \frac{1}{2} \cdot \frac{1}{5} \cdot \frac{2}{7} \cdot \frac{8}{9}} = \frac{5}{9} \quad \cdots\cdots\cdots\cdots\cdots (\text{答})$$

記号論理に代表される形式論理では記号に慣れることが大切なのです．要はドライな気持ちでドンドン利用することが肝心です．では次の問題を考えてみて下さい．

問題 8.4

下図のような 3 つの電気回路, 回路 I, 回路 II, 回路 III がある. 回路 I, 回路 II は 4 つ, 回路 III は 5 つのスイッチをもち, 各回路についてこれらのスイッチが閉じているという事象は互いに独立であって, 各瞬間に各スイッチが閉じている確率は p ($0 < p < 1$) である.

このとき, それぞれの回路について, 任意の瞬間に回路の IO 間を電流が流れる確率を求めよ.

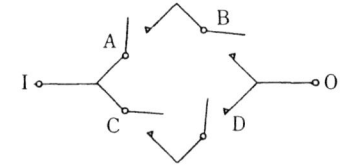

(1) [回路 I]

(2) [回路 II]

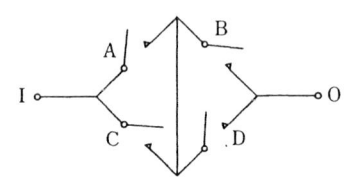

(3) ［回路Ⅲ］

(1)は具体的に考えていっても正解に到達できると思いますが，(2)，(3)は大変でしょう．

当ストラテジーに従いますと，以下のように記号化され，「形式的」にてきぱきと処理されることとなります．

(解答例)

A：「スイッチAが閉じる」という事象とおくと，$P(A) = p$である．

他のスイッチも同様に記号化する．

また各スイッチは独立より，$P(A \cap B) = p^2$となる．

他のスイッチ同士も同様である．

(1) $P((A \cap B) \cup (C \cap D))$ ［式と回路を比較しますと電流が流れることを容易に理解できます．(2)，(3)も同様です．］

$= P(A \cap B) + P(C \cap D) - P(A \cap B \cap C \cap D)$

$= 2p^2 - p^4$ ……………………………… (答)

(2) $P((A \cup C) \cap (B \cup D))$

$= P(A \cup C) \times P(B \cup D)$ ［各スイッチは独立より，$(A \cup C)$と$(B \cup D)$は独立です．］

$= (2p - p^2)^2$ ………………… (答) ［$P(A \cup C) = P(A) + P(C) - P(A \cap C)$，$P(B \cup D)$も同様です．］

(3) 独立した問題として考えますと非常に難しい問題です．

スイッチA，B，C，Dは(1)，(2)と配置は同じです．余計に加わったEに注目しますと，Eが開いている状態は(1)と，またEが閉じている状態は(2)と同じであることに気が付くはずです．

そこでP(I)を回路Iに電流が流れる確率（P(II)も同様）と定義しますと，以下のように形式的に処理されることとなります．

$P(E \cap II) + P(\overline{E} \cap I)$
$= P(E) \cdot P(II) + P(\overline{E}) \cdot P(I)$
$= p(2p - p^2)^2 + (1-p)(2p^2 - p^4)$
$= p^2(2p^3 - 5p^2 + 2p + 2)$ ……………………（答）

（3）は具体的に考えようとしますと問題が複雑すぎるので，頭の中がゴチャゴチャして考えが進まないことでしょう．

「形式的」に処理しようとしますと問題内容に干渉されることなく，てきぱきと進むことをくれぐれも理解しておいて下さい．

似たようなタイプの問題が続きましたので，以下では異なるタイプの例題を2題，取り上げることとします．

問題 8.5

(1) $y \leqq a$ なる任意の y に対して，
 $y^3 \leqq b$
が成立するのは，a, b の間にどんな関係があるときか．

(2) $x + y \leqq k$ なる任意の x, y に対して，
 $x^3 + y^3 \leqq k$
が成立するという．k はいかなる値か．

(1) は $y \leqq a$ と $y^3 \leqq b$ を見比べますと，$y \leqq a$ を y^3 の関係式に「同値変形」したくなります．

すると，

$y^3 - a^3 = (y-a)(y^2 + ay + a^2)$, $y^2 + ay + a^2 = \left(y + \dfrac{a}{2}\right)^2 + \dfrac{3}{4}a^2 \geqq 0$ より，

$y \leqq a \iff y^3 \leqq a^3$ が成立します．

(1) は，「$y^3 \leqq a^3 \Longrightarrow y^3 \leqq b$」が成立するための a, b の関係式を求めるとい

う，「同値」な問題に再形式化されました．

もちろん求める答は，$a^3 \leq b$ です．

（2）は条件式を，
$$x+y \leq k \iff y \leq k-x, \quad x^3+y^3 \leq k \iff y^3 \leq k-x^3$$
と「同値」変形して，（1）を利用します．

すると，$(k-x)^3 \leq k-x^3$ 即ち，
$$3kx^2 - 3k^2x + k(k^2-1) \leq 0 \quad \cdots\cdots\cdots\cdots\cdots\cdots\cdots (*)$$
が任意の x に対して成立するための k の条件を求めるという有名な「定符号問題」に再形式化されます．後はルーチンワークです．

（ⅰ）$k=0$ のとき

（*）の式は，$0 \cdot x^2 - 0 \cdot x + 0 \leq 0$ となり O．K．

（ⅱ）$k \neq 0$ のとき

$k<0$ かつ $D = 9k^4 - 12k^2(k^2-1) \leq 0 \iff 4 \leq k^2$

∴ $k \leq -2$

（ⅰ），（ⅱ）より，$k=0, \ k \leq -2$ $\cdots\cdots\cdots\cdots$（答）

「同値関係」を利用することによって，問題を再形式化する例題でした．

最後は，存称記号（すべて，ある）についての問題です．

問題 8.6

2つの実数 a, b についての条件

A：「どんな実数 x に対しても，適当な実数 y をとれば，$ax \neq by$ となる．」

が成立しないために，次の（1）〜（3）が，それぞれ必要条件であるか十分条件であるかを答えよ．

（1）どんな実数 x をとっても，任意の実数 y に対して，$ax = by$ となる．

（2）適当な実数 x をとれば，どんな実数 y に対しても，$ax = by$ となる．

（3）適当な実数 x をとれば，適当な実数 y に対して，$ax = by$ となる．

御存知のように，「すべて」，「ある」を否定しますと順に各々「ある」，「すべて」に変わります．そして，∀（すべて），∃（ある）の記号を利用しますと，$\overline{A}$, (1)〜(3) は次のように記号化されます．

$\overline{A} \iff \exists x, \forall y, \ ax = by$
(1) $\iff \forall x, \forall y, \ ax = by$
(2) $\iff \exists x, \forall y, \ ax = by$
(3) $\iff \exists x, \exists y, \ ax = by$

$\overline{A}$ と (1)〜(3) はどういう論理関係にあるのかが明らかとなりました．

$$(1) \Rightarrow \overline{A}, \quad (2) \iff \overline{A}, \quad \overline{A} \Rightarrow (3)$$

の関係が成立します．

そこで，(1) は十分条件，(2) は必要十分条件，(3) は必要条件となります．

形式的に論理（計算）規則に従うことにより，各問題文における a, b の具体的条件を明らかにするという面倒な作業が省略できたのです．

以上，形式論理の長所を十分に理解できたことと思います．以下に，高校生の諸君が利用する機会の多いであろう規則をまとめておくこととします．（大文字は集合，小文字は条件を表します．）

$$A \cap (B \cup C) = (A \cap B) \cup (A \cap C)$$
$$A \cup (B \cap C) = (A \cup B) \cap (A \cup C) \qquad \text{（分配則）}$$
$$\overline{A \cap B} = \overline{A} \cup \overline{B}, \quad \overline{A \cup B} = \overline{A} \cap \overline{B} \qquad \text{（集合のドモルガン）}$$
$$\overline{p \wedge q} \iff \overline{p} \vee \overline{q}, \quad \overline{p \vee q} \iff \overline{p} \wedge \overline{q} \qquad \text{（論理のドモルガン）}$$

条件 p, q を満たす真理集合を P, Q とすると

p ならば q が真 $\iff$ P $\subseteq$ Q

$$\overline{\forall \cdots p} \iff \exists \cdots \overline{p}$$
$$\overline{\exists \cdots p} \iff \forall \cdots \overline{p}$$

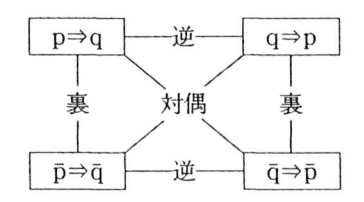

第8章 Logical reasoning（論理的推論）

```
        ┌─────┐ ─逆─ ┌─────┐
        │p⇒q │      │q⇒p │
        └─────┘      └─────┘
          │    対偶      │
          裏     ╳      裏
          │             │
        ┌─────┐ ─逆─ ┌─────┐
        │p̄⇒q̄ │      │q̄⇒p̄ │
        └─────┘      └─────┘
```

　$p \Rightarrow q$ とその対偶との真偽は一致するが，逆や裏との真偽は一致するとは限らない．

　「論理的推論」ストラテジーには以上解説してきたところの「形式論理」の考え方以外に次のような考え方が含まれています．
　高校生の皆さんは高校数学を学ぶようになってからいろいろな証明方法を習ってきたという印象を持っていることと思います．例えば，「n を整数とするとき，$n(n+1)(2n+1)$ は 6 の倍数であることを証明せよ．」という問題に対して，n を 3 の剰余類に場合分けして与式が 3 の倍数になることを示す，といったような整数問題独特の証明法はその一つの例であると言えます．
　あるいは将来，大学における集合論の講義において紹介される，「カントールの対角線論法」もその例です．
　このような様々な数学的論法をも，「論理的推論」ストラテジーは包含しているのです．
　以下では，高校の教科書ではきちんと述べられていないにもかかわらず，大学入試問題において結構利用される，「ディリクレの部屋割り論法」を紹介することとします．
　ディリクレの部屋割り論法というのは，例えば 3 枚の宝塚のチケットを二人の女子学生にあげようとすると，どちらかが 2 枚ということになって必ずけんかが起きる（見ず嫌いの人にはワカラナイ？），という実に単純な原理をさします．
　より数学的に述べますと，「$n > k$ のとき，n 個のものを k 分割すると，ど

れかには必ず2個以上のものが含まれる.」ということです．要するに，k 室のホテルに $n\,(>k)$ 人宿泊すれば必ず相部屋の人が出てくるということです．

浪人を思い浮かべるのも良いかもしれません．

冠詞として,「ディリクレ」がつきますのは，ディリクレ (Dirichlet) という 19 世紀ドイツの数学者が「単数定理」を証明するのにこの原理を利用したことに由来します．

この原理を利用しますと，

「1 辺の長さが 2 である正方形の内部に 5 つの点があるとすると，2 点間の距離が $\sqrt{2}$ 以下となる 2 点が必ず存在する.」

ことがわかります．

なぜかと言いますと，与えられた正方形を 1 辺の長さが 1 の正方形に 4 分割します．するとこの原理によって少なくとも 1 つの正方形に 2 点が含まれることとなります．この 2 点間の距離は対角線の長さ $\sqrt{2}$ 以下です．

ところでこの「ディリクレの部屋割り論法」が入試問題において，次の問題 8.7 の解答例のように変形された形で結構, 利用されるのです．（問題 8.7 は考えることなく直ちに解答例へ進んで下さい.）

問題 8.7

互いに異なる n 個 $(n \geq 3)$ の正の数の集合
$S = \{a_1, a_2, \ldots, a_n\}$ は性質「S から相異なる要素 a_i, a_j をとれば $a_i - a_j$ または $a_j - a_i$ の一方が必ず S に属する.」をもつという．

このとき, $a_1, a_2, \ldots, a_n$ の順序を適当に変えれば等差数列になることを示せ．

（解答例）

互いに異なる正の数 $a_1, a_2, \ldots, a_n$ を大小の順に並べたものを
$b_1, b_2, \ldots, b_n \quad (0 < b_1 < b_2 < \cdots < b_n \cdots (*))$
とすると，S の性質により

b_2-b_1, b_3-b_1, ……, b_n-b_1 は S に属し，b_n より小さい $(n-1)$ 個の異なる整数である．

さらに $0 < b_2-b_1 < b_3-b_1 < …… < b_n-b_1 < b_n$ より（*）の式と比較して

$b_2-b_1 = b_1$, $b_3-b_1 = b_2$, ……, $b_n-b_1 = b_{n-1}$

即ち，$b_2-b_1 = b_1$, $b_3-b_2 = b_1$, ……, $b_n-b_{n-1} = b_1$

よって整列 $\{b_n\}$ は，初項 b_1，公差 b_1 の等差数列である．

次の問題 8.8 も同様のタイプですので，問題 8.7 の解答を理解したところで考えてみて下さい．

問題 8.8

方程式 $x^3 - 3x + 1 = 0$ の解を a, b, c とする．次の問いに答えよ．

(1) a, b, c は相異なる実数であることを証明せよ．また，$|a|, |b|, |c|$ の中には $\sqrt{3}$ より大きいものがあることを示せ．

(2) $a < b < c$ とするとき，等式
$$a^2 = c+2, \quad b^2 = a+2, \quad c^2 = b+2$$
が成り立つことを証明せよ．

（解答例）

$f(x) = x^3 - 3x + 2$ とおく．

(1) $f(-2) = -1 < 0$, $f(-\sqrt{3}) = 1 > 0$, $f(0) > 0$, $f(1) = -1 < 0$, $f(\sqrt{3}) = 1 > 0$ より

区間 $(-2, -\sqrt{3})$, $(0, 1)$, $(1, \sqrt{3})$ に 1 解ずつ存在する．

∴ a, b, c は相異なる実数である．

また区間 $(-2, -\sqrt{3})$ に存在する解の絶対値は $\sqrt{3}$ より大きい．

(2) a, b, c が，$f(x) = 0$ の解であることに注目して，与えられた結論を $a^2 - 2 = c$, $b^2 - 2 = a$, $c^2 - 2 = b$ と再形式化あるいは同値変形します．

すると，「$\alpha : f(x)=0$ の解 $\Longrightarrow \alpha^2-2 : f(x)=0$ の解」が成立するかがクローズアップされます．事実，次のように確かめることができます．
$f(\alpha)=0 \Longleftrightarrow \alpha^3-3\alpha+1=0$ とする．
$$\begin{aligned}f(\alpha^2-2) &= (\alpha^2-2)^3 - 3(\alpha^2-2) + 1 \\ &= \alpha^6 - 6\alpha^4 + 9\alpha^2 - 1 \\ &= (\alpha^3-3\alpha)^2 - 1 \\ &= (\alpha^3-3\alpha+1)(\alpha^3-3\alpha-1) = 0\end{aligned}$$
そこで「部屋割り論法」を応用しますと以下のように解決されます．
$a<b<c$ より $-2<a<-\sqrt{3}$, $0<b<1$, $1<c<\sqrt{3}$
∴ $0<b^2<1<c^2<3<a^2$
即ち, $b^2-2<c^2-2<a^2-2$
$a<b<c$ と比較して
$b^2-2=a$, $c^2-2=b$, $a^2-2=c$
$\Longleftrightarrow a^2=c+2$, $b^2=a+2$, $c^2=b+2$ （証明おわり）

以上，当章の後半では数学的論法として，「ディリクレの部屋割り論法」を紹介しました．

最後の演習 8 はこの論法そのものの応用題であるということをヒントとしておきます．

演習 8 N を 16 桁の正の整数とする．N から連続する何桁かの数字をうまく取り出すと，それらの数字の積を平方数にできることを証明せよ．例えば N のある桁が 0 とか 9 ならば，この桁だけを取り出せばよい．

第9章 ── Specialization, Generalization
（特殊化，一般化）

　当章は相反する2つの内容を含んでいます．しかし表題よりその内容はある程度，想像できることと思います．そこで早速，例題へ入ることとします．

問題 9.1

　大海原を航海中の2隻の船 A, B が，ある瞬間において下図のような位置にいるとします．各々が一定のスピード，$\overrightarrow{AP}$, $\overrightarrow{BQ}$ で航行する時，両船間の最短距離を求めなさい．

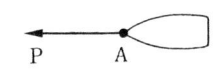

　一見，易しそうに見えます．しかし実際に取り組んでみるとなかなか難しいはずです．

この問題の難しさは，その一般的性格にあるのです．即ち，2隻の位置はどこにあっても良いはずですし，速度もまた一定の限りにおいて，任意で良いはずです．
　「航行中の2隻の船の最短距離を求めよ．」という一般性を有する問題なのです．
　こうした問題では，specialization（特殊化）という表題にあるように，「特別な場合」を考えることが解決へのヒントとなることが多いのです．
　例えば船 B が停泊（$\overrightarrow{BQ} = \vec{0}$）しているならば下図の BH として最短距離は求まります．

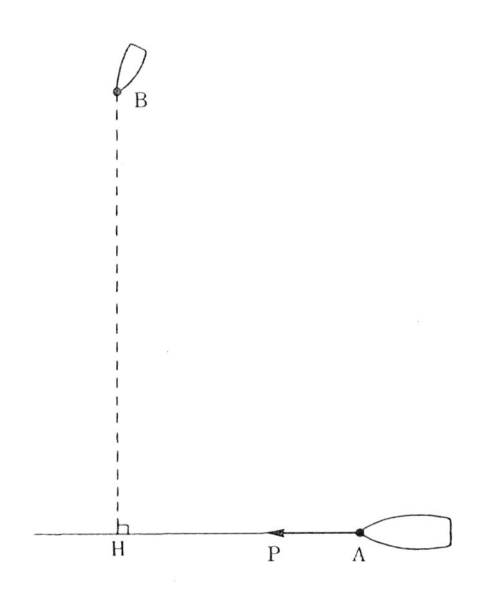

　また船 B が船 A と同じ速度（$\overrightarrow{BQ} = \overrightarrow{AP}$）ならば，両船間の距離は同じままです．2隻間の相対的位置関係が変わらないからです．
　以上 2 つの「特別な場合」を考えることより頭を働かせるならば，2 隻の船の相対関係に着目すれば良いというアイデアに行き着きます．
　即ち，自分が船 B に乗って観察していると想像するならば，$\overrightarrow{AP}$ と $-\overrightarrow{BQ}$ を

合成した速度 $\overrightarrow{AX}$（下図参照）で船 A は船 B に近づいてくるはずです．そこで BH として 2 隻間の最短距離が求まるのです．

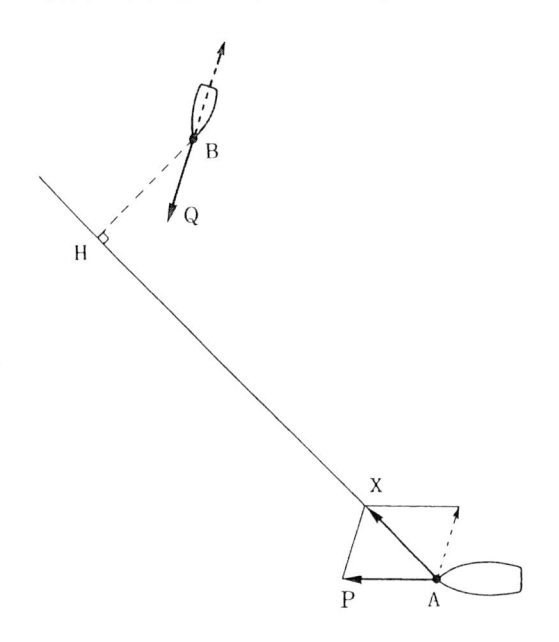

問題 9.1 のように一般的性格を有する問題では，「特別な場合」をヒントにして，解決へ向かっての洞察を得ることがポイントとなる場合が多いのです．こうした考え方を特殊化（specialization）のストラテジーと呼びます．

では次の問題 9.2 を考えてみて下さい．

問題 9.1 よりも解きやすいはずです．また「特殊化」のストラテジーの考え方を知ったのですから，どう取り組んだら良いかということもわかるはずです．

問題 9.2

一辺の長さが 1 の 2 つの正方形があり，一方の正方形の頂点が他方の中心に位置しているものとする．2 つの正方形の共通部分の面積のとりうる値の範囲を求めよ．

右図のような一般的な位置関係において最初から考えるならば，多くの人は良いアイデアも思い付かず思考が空回りするだけのことと思います．

　この問題における解決へのポイントは，既に述べたところの「特殊化」のストラテジーに従って，以下のような「特別な場合」を考えることなのです．

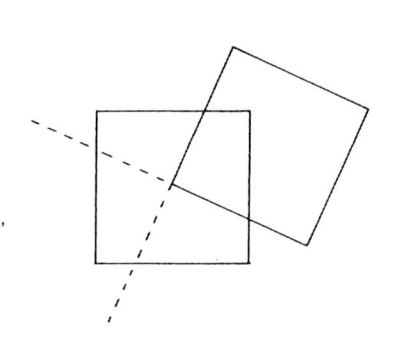

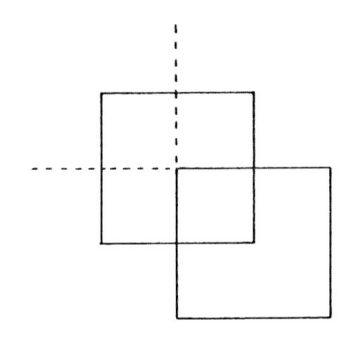

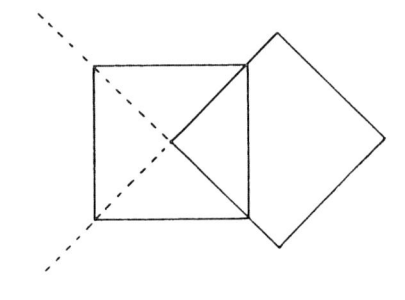

　上図を眺めていますと，共通部分の面積は常に $\frac{1}{4}$ なのではないかという考えが自然と思いつきます．

　そういう観点より，始めに掲げた一般的位置関係の図を眺めますと，いろいろと考えることが可能となり解決へのアイデアも浮かびます．右図はその一例です．

　点線の位置からの回転を考えることにより，斜線部分の三角形は合同となります．そこで共通部分の面積は常に $\frac{1}{4}$ であることがわかるのです．

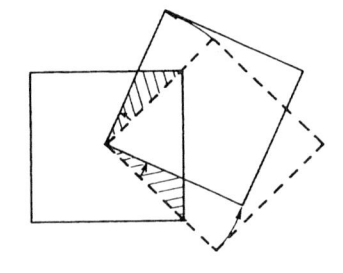

第9章 Specialization, Generalization（特殊化，一般化）

最も単純で特別な場合を調べることにより，一般の場合への示唆が得られたのだということを理解して下さい．

以上，「特別な場合」を考えることを通して，特殊化（specialization）のストラテジーを説明しました．

ところで当章には表題にもある通り，全く相反するストラテジー，一般化（generalization）も含まれています．以下ではこのストラテジーについて解説します．始めに次の例題を考えてみて下さい．

問題 9.3

$|a|<1$, $|b|<1$, $|c|<1$ のとき，
$$abc+2>a+b+c$$
を証明せよ．

問題 9.3 に対しては，第 6 章において解説した，「変数を少なくする（fewer variables）」のストラテジーを利用した解法もあります．即ち，2 文字の場合における問題を lemma.（補題）として利用する方法です．受験問題において頻出のタイプですので，参考まで以下に記述しておきます．

lemma. $|a|<1$, $|b|<1$ のとき，
$$ab+1>a+b$$
を証明せよ．

lemma. の証明
左辺 − 右辺 $= 1-(a+b)+ab$
$= (1-a)(1-b) > 0$ （∵ $|a|<1$, $|b|<1$）

問題 9.3 の証明
　　$|a|<1$, $|b|<1$ より $|ab|<1$
　　lemma. より $ab \cdot c + 1 > ab + c$
　　左右両辺に 1 をたすことにより，
　　$abc + 2 > ab + 1 + c$
　　右辺に再び lemma. を利用して，
　　$abc + 2 > ab + 1 + c > a + b + c$
　　$\therefore abc + 2 > a + b + c$　（証明おわり）

以下では問題 9.3 に対して，一般化（generalization）のストラテジーを利用した考え方を説明します。
　まず始めに不等式の証明の定石に従いますと，
　　左辺 − 右辺 $= abc + 2 - (a + b + c) > 0$ を示せば良いこととなります。
　ところで左側の式を，例えば a, b を定数とし，c の関数式と見なすというのがここでの「一般化」による考え方なのです。即ち，
　　$f(c) = (ab - 1)c + 2 - a - b$ ……………………………（∗）
とおくことにより，
　　$|c|<1$ において $f(c) > 0$ を示すということです。
　あるいは，$|c|<1$ における $\min f(c) > 0$ を示すことと考えても良いでしょう。
　こうした観点より（∗）の式に注目しますと，$f(c)$ は傾きが $(ab-1)$ の文字 c に関する直線の式を表現していることに気が付きます。
　そのうえ，$|a|<1$, $|b|<1$ より $ab - 1 < 0$ となり，傾きが負，即ち右下がりの直線となります。
　そこで $|c|<1$ において，$f(c) > f(1)$
$\therefore\ f(c) > (ab - 1) \cdot 1 + 2 - a - b$
　　　　$= 1 - (a + b) + ab$
　　　　$= (1 - a)(1 - b) > 0$

第 9 章 Specialization, Generalization（特殊化，一般化）

よって $f(c) > 0$
となり問題 9.3 は証明されました．

　この解答は本来の「不等式の証明問題」を「関数の最小問題」へと，ある意味における「一般化」を行うことにより，なじみ深い，或はより扱い易い，直線の最小問題へと原問題を変形していったのです．
　ふつうの場合，一般化するということは対象を抽象化することを意味します．対象があいまい模糊としたものとなるという印象を持ちます．
　しかし，一般化することにより，より広い展望が与えられることによって，いろいろな知識を応用できる場面が生ずることもあるのだということもまた数学においては事実なのです．
　次の問題 9.4 は「級数（数列の和）の問題」を「x の関数式に特別な値を代入した問題」へと「一般化」することによって，驚くほどの容易さで解決されることとなります．

問題 9.4*

$\sum_{k=1}^{n} k^2 \left(\dfrac{1}{2}\right)^k$ を求めよ．

直接に和を求めるのではなく，上述のように，より「一般化」した，
$$S(x) = \sum_{k=1}^{n} k^2 x^k$$
を求め，$S\left(\dfrac{1}{2}\right)$ とおくのです．
　一般化した $S(x)$ を考えるのは微分を利用することができるからです．こう言いますと，多くの人は二項定理を利用した同様の計算テクニックを思い出すことでしょう．（例えば，$(1+x)^n = \sum_{k=0}^{n} {}_n\mathrm{C}_k x^k$ の両辺を微分した後，$x = 1$ を代入することにより，

$$_nC_1 + 2{_nC_2} + 3{_nC_3} + \cdots\cdots + n{_nC_n} = n \cdot 2^{n-1}$$

を求めたことです.)

問題 9.4 に戻って,
$$\sum_{k=0}^{n} x^k = \frac{1-x^{n+1}}{1-x}, \quad x \neq 1$$

両辺を微分すると,
$$\sum_{k=1}^{n} kx^{k-1} = \frac{-(n+1)x^n(1-x) + (1-x^{n+1})}{(1-x)^2}$$
$$= \frac{nx^{n+1} - (n+1)x^n + 1}{(1-x)^2}$$

両辺に x をかけて,
$$\sum_{k=1}^{n} kx^k = \frac{nx^{n+2} - (n+1)x^{n+1} + x}{(1-x)^2}$$

両辺を x について微分した後, 再び x をかけることにより,
$$S(x) = \sum_{k=1}^{n} k^2 x^k = \frac{-n^2 x^{n+3} + (2n^2+2n-1)x^{n+2} - (n+1)^2 x^{n+1} + x^2 + x}{(1-x)^3}$$

$$\therefore \quad S\left(\frac{1}{2}\right) = \sum_{k=1}^{n} k^2 \left(\frac{1}{2}\right)^k = 2^3 \left\{ \frac{-n^2}{2^{n+3}} + \frac{2n^2+2n-1}{2^{n+2}} - \frac{(n+1)^2}{2^{n+1}} + \frac{3}{4} \right\}$$
$$= 6 - \frac{n^2 + 4n + 6}{2^n} \quad \cdots\cdots\cdots\cdots\cdots\cdots \text{(答)}$$

以上,「特殊化, 一般化」のストラテジーを解説しました.

高校生の多くの人は,「特別な場合」を考えることにより問題に対する洞察を得ようとする.「特殊化」は利用することができそうだけれども,「一般化」は独力ではとても利用できそうにないという印象を持ったのではないでしょうか. でも心配はいりません.

具体から抽象へという数学的活動を表現する「一般化」は, 高校生の皆さんが将来, 高等教育機関へ進んだ後に, ふつうは要求される能力であると考えられるからなのです.

実際問題として, 限られ時間内において解くことが要求される入試問題に

第 9 章 Specialization, Generalization（特殊化，一般化）

おいては，何らかのヒントが付くのがふつうです．何のヒントもなしに「一般化」が要求される問題は，有名な計算テクニックになっていない限り超難問として捨てれば大丈夫ですし，またほとんど出題されていません．

皆さんは「一般化」の考え方を学んだのですから，ヒントが付いた場合には「一般化」を利用するのだということを認識することによって，ヒントの意味を理解して出題者の誘導にのることができるという大きなアドバンテージを得たという程度に理解しておいて下さい．

話が変わりますが，「特殊化」そして「一般化」という相反する概念が「特殊化，一般化」という一つのストラテジーとして，くくられていることに違和感を持つ人もいるかもしれません．

しかし，具体から抽象，抽象から具体，そしてまた抽象へというように具体と抽象の間を行った来たりすること，換言すれば特殊化と一般化の交互作用は実は，数学的活動の特徴の一つでもあるのです．

このことを説明する例として以下においては，有名な三平方の定理（ピタゴラスの定理）の証明を取り上げることとします．

念のため述べておきますが，三平方の定理とは以下の関係式が成立することを言います．

直角三角形において斜辺の長さを a，直角をはさむ 2 辺の長さをそれぞれ b, c とすると，

$$a^2 = b^2 + c^2 \quad \cdots\cdots\cdots\cdots\cdots\cdots (\text{I})$$

筆者は無論，全部は知りませんが，この定理の証明法は百以上あるそうです．その一つを以下に紹介します．次図を見て下さい．

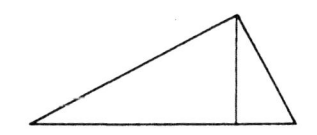

実はこの図で証明が終わっているのです．もちろん皆さんは何だかさっぱりわからないでしょう．以下，説明します．

定理を「一般化」しますと次のようになります．
$$\lambda a^2 = \lambda b^2 + \lambda c^2 \cdots\cdots\cdots\cdots\cdots\cdots\cdots\cdots\cdots (\text{II})$$
もちろん，(II)の式が成立することを証明できれば，左右両辺をλでわることにより(I)の式が成立すること明らかです．

ところで，(I)そして(II)の式を図形的に解釈すると次のようになります．

(I)では各辺の長さを1辺とする正方形の面積を各項は表現します．正方形はすべて互いに相似です．

一方(II)の各項はそれぞれの辺の長さをベースにした互いに相似な図形の面積を表現します．

そこで，「特別な場合」として，各辺を斜辺とする，もともとの直角三角形と相似な直角三角形の面積を考えます．即ち，高さをそれぞれ$2\lambda a$, $2\lambda b$, $2\lambda c$とおくことです．するとλa^2はもともとの直角三角形の面積を表現することとなります．

以上を図式化すると次のようになります．

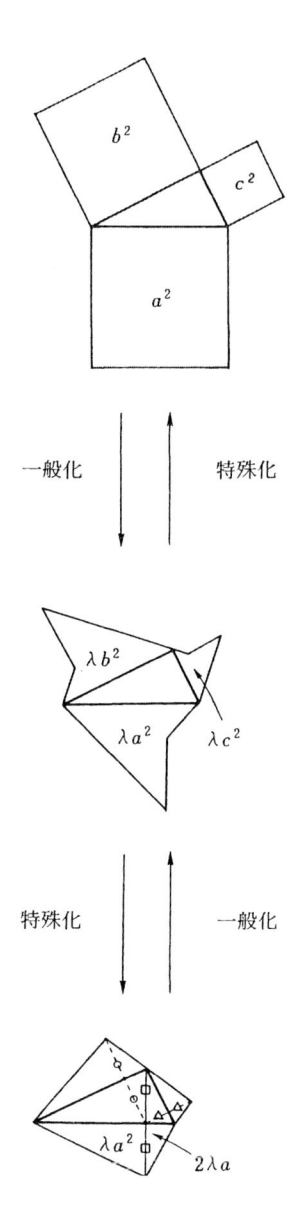

第9章 Specialization, Generalization（特殊化，一般化）

一般化 ↓ ↑ 特殊化

特殊化 ↓ ↑ 一般化

もう皆さんは十分に理解できたことと思います.
始めの図に戻って,

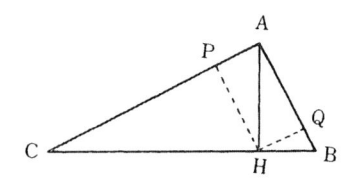

$AH = 2\lambda a$ とおきますと, 相似を考えることにより, $HP = 2\lambda b$, $HQ = 2\lambda c$ となります.

そこで, $\triangle ABC = \triangle HAC + \triangle HAB$ より,

$\lambda a^2 = \lambda b^2 + \lambda c^2$ が成立することとなるのです.

以上,「特殊化, 一般化」のストラテジーを説明しました.

将来における研究活動においても必要とされる概念なのだということを理解して頂けたらと思うのです.

最後は演習問題です.

演習 9 $0 < a < 1$, $0 < b < 1$, $0 < c < 1$ のとき,

3数　$A = abc + 2$

$B = \dfrac{1}{2}(bc + ca + ab + 3)$

$C = a + b + c$

の大小を比較せよ.

第 10 章 ―――――― Inductive thinking ―
（帰納的思考）

　長々とストラテジーについて説明してきましたが，ついに終章に到達しました．当章の表題 "inductive thinking" を見ても多くの人はその内容が想像できないことと思います．例題を使って説明することとします．次の 2 題をちょっとやってみて下さい．

問題 10.1
　　整数 $a_n = 19^n + (-1)^{n-1} \cdot 2^{4n-3}$　$(n \geq 1)$ のすべてをわりきる素数を求めよ．

問題 10.2
　　$a_1 = 3$，$a_n{}^2 = (n+1)a_{n+1} + 1$　$(n \geq 1)$ のとき，a_n を求めよ．

　問題 10.1 はある有名大学の入学試験において出題された問題です．
　当該大学の教授の言によりますと，大部分の受験生は，
$$a_1 = 19 + 2 = 21 = 3 \times 7$$
$$a_2 = 19^2 - 2^5 = 329 = 47 \times 7$$
$$\cdots\cdots\cdots\cdots\cdots\cdots\cdots\cdots$$
$$\cdots\cdots\cdots\cdots\cdots\cdots\cdots\cdots$$

といった具体的操作をして，素数 7 を発見するといった活動をさえしなかったそうです．高等学校における学習において，いろいろと考えるために問題に対する具体的なイメージを作り出すべく，帰納的に考えるというような基本的な数学の考え方が身に付いておらず嘆かわしいということでありました．

以上の言は，筆者が高校生を相手として持つに至った感想と通ずるものがあります．即ち，日本の高校生の多くは公式や数学的テクニックに頼ろうとするだけで，自らの力で考えようとはしないということです．

　2番目の問題10.2は以上の仮説を確かめるべく，ある有名高校の生徒48名に被験して頂いた問題なのです．

　問題10.2は筆者が知る限りにおいては，隣接二項間漸化式等々のテクニックを利用してもうまくいきません．

　問題10.1と同様，
$a_1{}^2 = 2a_2 + 1$ より，$a_2 = 4$
$a_2{}^2 = 3a_3 + 1$ より，$a_3 = 5$
　………………………………
　………………………………

以上より，帰納的に $a_n = n+2$ を発見，推定する問題です．そして最終的に，推定した答を数学的帰納法により証明する問題なのです．

　ちなみに結果を報告しますと，白紙12名，隣接二項間漸化式の誤用等々，テクニックに頼ろうとして失敗した者18名でした．一方帰納的に正しく $a_n = n+2$ を推定した者は21名でした．しかし多くの者はそれを数学的に求まった答としてしまい，数学的帰納法による証明を試みた者は21名中わずか5名でありました．

　他の高校でも被験して頂いたところ，似たような結果が得られています．日本の高校生の現状を反映している結果と言えましょう．

　ぜひ読者の皆さんは，帰納的操作そして数学的帰納法による証明のもつ「発見的役割」の重要性を認識して下さい．

　このことは身近な問題においても役立つことなのです．例えば，

問題 10.3
$\sum_{k=1}^{n} \dfrac{1}{k(k+1)}$ を求めよ．

第10章　Inductive thinking（帰納的思考）

を考えてみましょう．

ほとんどの教科書にのっている問題です．部分分数分解を利用して，

$$\sum_{k=1}^{n}\frac{1}{k(k+1)}=\sum_{k=1}^{n}\left(\frac{1}{k}-\frac{1}{k+1}\right)=1-\frac{1}{n+1}$$

とするのが一般的です．しかし部分分数分解を忘れて，或は知らないで取り組むとしたらどうしたらよいでしょう．帰納的に，

$n=1$ のとき $\frac{1}{2}$

$n=2$ のとき $\frac{1}{2}+\frac{1}{2\cdot3}=\frac{2}{3}$

$n=3$ のとき $\frac{2}{3}+\frac{1}{3\cdot4}=\frac{3}{4}$

　………………………………

　………………………………

より $\frac{n}{n+1}$ を推定し，数学的帰納法により証明すればよいのです．このように帰納的に発見する方法は一般性を有する考え方なのです．

もう皆さんには例題の意味するところを理解して頂けたことと思います．

典型的には，

　帰納的操作　→　パターン発見　→　数学的帰納法による証明，

という一連の流れを inductive thinking（帰納的思考）ストラテジーと呼ぶのです．

以上の説明でもう必要はないと思いますが，参考までに以下に問題 10.1, 10.2 の解答を書いておきます．

（問題 10.1 の解答）

$a_1=3\times7$, $a_2=47\times7$ より，すべての a_n をわりきる可能性のある素数は 7 のみである．

以下，7 がすべての a_n をわりきることを，数学的帰納法により証明する．

（Ｉ）$n=1$ ときは O.K.

（Ⅱ）a_n が 7 でわりきれることを仮定して，a_{n+1} が 7 でわりきれることを示

せばよい．
$$a_{n+1} = 19^{n+1} + (-1)^n \cdot 2^{4n+1}$$
$$= 19(19^n + (-1)^{n-1} \cdot 2^{4n-3}) - 19 \cdot (-1)^{n-1} \cdot 2^{4n-3} + (-1)^n \cdot 2^{4n+1}$$
$$= 19 a_n + (-1)^n \cdot 2^{4n-3}(19 + 2^4)$$
$$= 19 a_n + (-1)^n \cdot 2^{4n-3} \cdot 35$$

よって a_{n+1} が 7 でわりきれることが示された．
（Ⅰ），（Ⅱ）より求める素数は 7 ……………………（答）

（問題 10.2 の解答）

$a_n = n+2$ を数学的帰納法により証明する．
（Ⅰ） $a_1 = 3$ より $n=1$ のとき成立
（Ⅱ） $a_n = n+2$ を仮定して，$a_{n+1} = (n+1)+2 = n+3$ を示せばよい．
$a_n^2 = (n+1)a_{n+1} + 1$ より，
$(n+1)a_{n+1} = (n+2)^2 - 1 = \{(n+2)+1\}\{(n+2)-1\}$
∴ $a_{n+1} = (n+2)+1 = n+3$
（Ⅰ），（Ⅱ）より $a_n = n+2$ ……………………（答）

問題 10.4

b を 0 でない定数とし，次の漸化式で定義される数列の一般項 a_n を求めよ．
$$a_0 = 1, \quad a_1 = b, \quad (n+1)a_{n+1} + b a_{n-1} = (n+b)a_n \quad (n \geq 1)$$

（解答 1）

与式を，$(n+1)a_{n+1} - b a_n = n a_n - b a_{n-1}$ ……………（*）と変形して，
$x_n = (n+1)a_{n+1} - b a_n$ とおくと，
$$\begin{cases} x_n = x_{n-1} \\ x_0 = 1 \cdot a_1 - b \cdot a_0 = 0 \end{cases}$$
∴ $x_n = 0$

よって $a_{n+1} = \dfrac{b}{n+1} a_n$

∴ $a_n = \dfrac{b}{n} a_{n-1} = \dfrac{b}{n} \cdot \dfrac{b}{n-1} a_{n-2} = \cdots\cdots$

$= \dfrac{b}{n} \cdot \dfrac{b}{n-1} \cdot \cdots \cdot \dfrac{b}{1} a_0$

$a_0 = 1$ より

$n \geqq 0$ で $a_n = \dfrac{b^n}{n!}$ ……………………（答）

　書かれてみますと何でもないような感覚におち入りますが，与えられた条件式より（∗）のような変形をすることはなかなか思いつきにくいものです．
　一方，inductive thinking に従いますと以下のようになります．

（解答2）

$2a_2 + b \cdot a_0 = (1+b) a_1$ より $a_2 = \dfrac{b^2}{2}$

$3a_3 + b \cdot a_1 = (2+b) a_2$ より $a_3 = \dfrac{b^3}{2 \cdot 3}$

$4a_4 + b \cdot a_2 = (3+b) a_3$ より $a_4 = \dfrac{b^4}{2 \cdot 3 \cdot 4}$

∴ $a_n = \dfrac{b^n}{n!}$ $(n \geqq 0)$ と推定

以下，数学的帰納法により証明する．

（Ⅰ） $a_0 = 1, a_1 = b$ より $n = 0, 1$ のとき成立

（Ⅱ） $a_{n-1} = \dfrac{b^{n-1}}{(n-1)!}$, $a_n = \dfrac{b^n}{n!}$ を仮定して $a_{n+1} = \dfrac{b^{n+1}}{(n+1)!}$ を示せばよい．

与式より $(n+1) a_{n+1} + b \cdot \dfrac{b^{n-1}}{(n-1)!} = (n+b) \dfrac{b^n}{n!}$

$\iff (n+1) a_{n+1} + \dfrac{b^n}{(n-1)!} = \dfrac{b^n}{(n-1)!} + \dfrac{b^{n+1}}{n!}$

∴ $a_{n+1} = \dfrac{1}{n+1} \times \dfrac{b^{n+1}}{n!} = \dfrac{b^{n+1}}{(n+1)!}$

（Ⅰ），（Ⅱ）より $a_n = \dfrac{b^n}{n!}$ $(n \geqq 0)$ ……………………（答）

二つの解答を比較しますと，テクニックも陳腐化して見えるような気がするでしょう．ぜひ inductive thinking の考え方を身に付けて下さい．

問題 10.5*

xy 平面上で集合 $\{(x, y) | 0 \leqq x \leqq 2\pi, \ 0 \leqq y \leqq x \sin nx\}$ の面積を S_n とするとき，$\lim_{n \to \infty} S_n$ を求めよ．（n は自然数）

始めに S_n を求めなければなりません．inductive thinking の予備知識を持たない生徒に出題したところ，いきなり S_n を求めようとして全滅でした．

当ストラテジーを知った読者の皆さんは，$n=1, n=2, \ldots\ldots$ の場合の図を書いてパターン発見に取り組んでいるはずです．

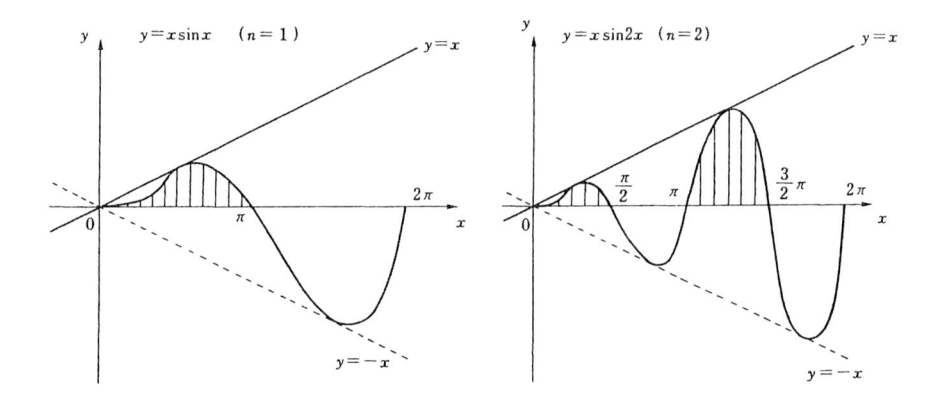

$y = x\sin 3x$ $(n=3)$

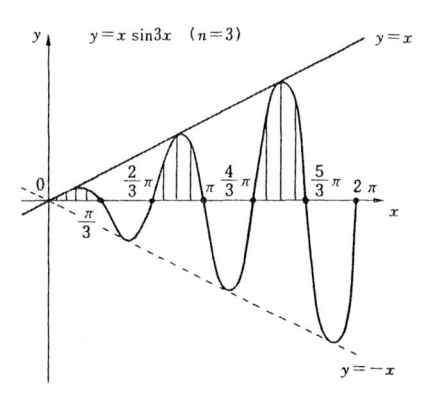

上図を見ていますと,区間 $\left[\dfrac{2k}{n}\pi,\ \dfrac{2k+1}{n}\pi\right]$ を積分すればよいというパターンが見えてきます.

さらに最初と最後の積分区間に注意することにより,

$$S_n = \sum_{k=1}^{n} \int_{\frac{2k-2}{n}\pi}^{\frac{2k-1}{n}\pi} x\sin nx\, dx$$

とおくことができます.後は計算です.

$$\begin{aligned}
T_k &= \int_{\frac{2k-2}{n}\pi}^{\frac{2k-1}{n}\pi} x\sin nx\, dx \\
&= \left[\frac{-1}{n}x\cos nx\right]_{\frac{2k-2}{n}\pi}^{\frac{2k-1}{n}\pi} - \int_{\frac{2k-2}{n}\pi}^{\frac{2k-1}{n}\pi} \frac{-1}{n}\cos nx\, dx \\
&= \frac{1}{n}\left(\frac{2k-1}{n}\pi + \frac{2k-2}{n}\pi\right) + \frac{1}{n}\left[\frac{1}{n}\sin nx\right]_{\frac{2k-2}{n}\pi}^{\frac{2k-1}{n}\pi} \\
&= \frac{1}{n}\left(\frac{2k-1}{n}\pi + \frac{2k-2}{n}\pi\right) \\
&= \frac{\pi}{n^2}(4k-3)
\end{aligned}$$

$$S_n = \sum_{k=1}^{n} T_k = \frac{\pi}{n^2} \sum_{k=1}^{n} (4k-3)$$
$$= \frac{\pi}{n^2} \{2n(n+1) - 3n\}$$
$$= \pi \left(2 - \frac{1}{n}\right)$$
$$\therefore \lim_{n \to \infty} S_n = 2\pi \quad \cdots\cdots\cdots\cdots\cdots\cdots\cdots\cdots (答)$$

問題 10.6

負でない整数 m, n に対して，次のように定められる整数 $f(m, n)$ がある．

① $f(0, n) = n + 2$
② $m \geq 1$ のとき，$f(m, 0) = f(m-1, 1)$
③ $m \geq 1$, $n \geq 1$ のとき，$f(m, n) = f(m-1, f(m, n-1))$

このとき，$f(1, n)$ と $f(2, n)$ をそれぞれ n の式で表せ．

やみくもに計算しても何とかできそうですが，どういう構造になっているのか帰納的にしらべてみましょう．

条件①より，まず n 軸上の点（$(0, n)$ の座標の点）における値がわかります．

次に $m = 1$ 上の点（$(1, n)$ の座標の点）を考えます．

条件②より $f(1, 0) = f(0, 1) \stackrel{①}{=} 3$
条件③より $f(1, 1) = f(0, f(1, 0))$
$\stackrel{①}{=} f(1, 0) + 2$
同様にして $f(1, 2) = f(0, f(1, 1))$
$\stackrel{①}{=} f(1, 1) + 2$

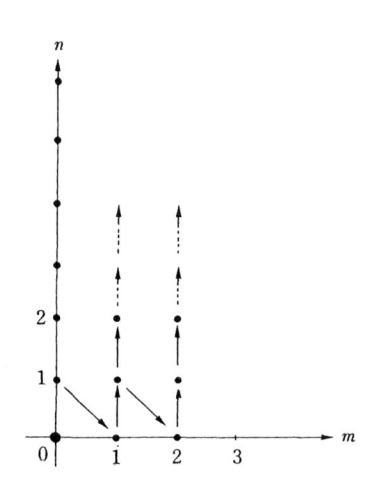

第 10 章　Inductive thinking（帰納的思考）

$m=1$ の場合のパターンは十分に見えました.
次に $m=2$ 上の点（$(2, n)$ の座標点）を考えましょう.
条件②より $f(2, 0) = f(1, 1)$
条件③より $f(2, 1) = f(1, f(2, 0))$
同様にして $f(2, 2) = f(1, f(2, 1))$
後は $f(1, n)$ が求まっていれば計算が進みます.
もう準備は十分です.

解答

$n=0$ のとき，$f(1, 0) \overset{②}{=} f(0, 1) \overset{①}{=} 1 + 2 = 3$

$n \geq 1$ のとき，$f(1, n) \overset{③}{=} f(0, f(1, n-1)) \overset{①}{=} f(1, n-1) + 2$

$a_n = f(1, n)$ とおくと,
$$\begin{cases} a_0 = 3 \\ a_n = a_{n-1} + 2 \end{cases}$$
$\therefore\ a_n = f(1, n) = 3 + 2n$ ……………………（答）

$n=0$ のとき，$f(2, 0) \overset{②}{=} f(1, 1) = 3 + 2 \cdot 1 = 5$

$n \geq 1$ のとき，$f(2, n) \overset{③}{=} f(1, f(2, n-1)) = 3 + 2f(2, n-1)$

$b_n = f(2, n)$ とおくと,
$$\begin{cases} b_0 = 5 \\ b_n = 3 + 2b_{n-1} \end{cases} \iff b_n + 3 = 2(b_{n-1} + 3)$$
$\therefore\ b_n + 3 = 2^n(b_0 + 3)$

よって $b_n = f(2, n) = 2^{n+3} - 3$ ……………………（答）

帰納的に操作して，具体的に考えていくことの重要性，効用を皆さんは十分に理解できたことと思います.

当章の始めにおいて，日本の高校生は考える力に欠けていると言いました. 実は数学的な考え方そのものを知らない人が多いのです.

この本が述べてきたストラテジー指導というのは，ストラテジーを通して数学的な考え方を教授しようということなのです．そしてこのことこそが当本作成の動機なのです．

いよいよ最後の例題です．

問題 10.7
1 以上の整数全体の集合を S とする．
集合 $\{3m+7n \mid m, n \in S\}$ を考えると，それはある整数 k 以上のすべての整数を含むことを示し，かつこのような k の最小値を求めよ．

inductive thinking の予備知識を持たない 8 名の高校生に被験して頂いたところ，全く手がつきませんでした．しかし皆さんは m, n に具体的な数値を代入して活動を始めているはずです．

表 1

n \ m	1	2	3	4	5	6	7	8	9	…
1	10	13	16	19	22	25	28	31	34	…
2	17	20	23	26	29	32	35	38	…	…
3	24	27	30	33	36	39	42	…	…	…
4	31	34	…	…	…	…	…	…	…	…
5	38	…	…	…	…	…	…	…	…	…

表 2

n \ m								…
1	10	13	16	19	22	25	28	…
2			17	20	23	26	29	…
3					24	27	30	…

第10章 Inductive thinking（帰納的思考） 107

　始めは表 1 のように m, n の組み合わせによる値をすべて羅列したような表を書くこととなりましょう．しかし，この表より直ちに解決への見通しが得られるわけではありません．

　既に述べたところですが，ストラテジーの一つの特徴は，考え出すべき方向を示唆するだけであり，問題解決者自らの活動の余地が残されているということです．問題解決者には自分で解いたのだという実感のもと，解いたときの喜びの機会が保障されているのです．表題についている「発見的」とはこういう意味なのです．

　さて，表1を注意深く観察しますと，$n=4, 5$ の行は，$n=1, 2$ の行の 31, 38 からの繰り返しであることが発見できるでしょう．n は 1, 2, 3 だけにとめておいて，m のみを動かしていけばよいという発想が生まれます．さらに，$n=1, 2, 3$ の行を眺めていますと，各行の値を小さい順に並べていけば k の値がクローズアップされることに気付きます．

　そこで，表1でいろいろと考えた末に，例えば表2に到達するならば，$k=22$ を見つけることは容易でしょう．また表2を注意深く眺めていますと，各行は 3 の剰余類に類別されていることを発見できます．そこで 22 以上の整数に対しては，3 の剰余類に場合分けして m, n の存在を示せばよいという発想が生まれてきます．もう準備は十分です．

解答

$n=1, 2, 3$ とおいてためすことにより $3m+7n=21$

22 以上の整数を $3t+1$, $3t+2$, $3t+3$ $(t \geqq 7)$ とおく．

$(m, n)=(t-2, 1)$, $(t-4, 2)$, $(t-6, 3)$ として順に，$3m+7n$ を計算すると，それぞれ $3t+1$, $3t+2$, $3t+3$ となる．

よって 22 以上の整数はすべて $3m+7n$ により表現され，
求める k の最小値は 22 ………………………… （答）

長々とストラテジーについて語ってきましたが理解して頂けたでしょうか.

特に利用度の高い10個のストラテジーを紹介しましたので,直接的に役に立つ場面もこれからは多いと思います.

しかし当本はすべてのストラテジーを紹介したわけではありません.またストラテジーはすべての未解決場面をカバーするものでもありません.そこで皆さんはこれからも沢山の未知の問題に直面することと思います.その時も,ぜひ当本の意を汲んで,いろいろと考える努力をしてみて下さい.考え方のヒントを与えたのですから.

問題解決の教育的価値は,自らの力で考えぬく態度を養うことに存在するのです.

では最後の演習問題です.

演習 10 $a_1, a_2, \cdots, a_n$ は $1, 2, \cdots, n$ を任意の順序に並べた数列とし,

$b_k = n+1-a_k$ $(k=1, 2, \cdots, n)$ とおく.

このとき,$\displaystyle\sum_{k=1}^{n} k b_k \leqq \sum_{k=1}^{n} k^2$ を証明せよ.

演習問題解答

演習 1

x 軸, y 軸に接する半径 1 の円の方程式への類推により,
$S:(x-1)^2+(y-1)^2+(z-1)^2=1^2$ とおく.

2 次元における問題,
(例えば, 点 (x, y) が円: $(x-1)^2+(y-1)^2=1^2$ 上を動くとき, $6x+3y$ のとりうる値の範囲を求めよ.)
に対する類推により, 以下のように考えることができます.

$6x+3y+2z=k$ ……………① とおくと, 平面 $\alpha:6x+3y+2z=k$ と球 S が共有点をもつ値が k のとりうる値の範囲となる.

そこで平面 α と球 S が接する場合を考える.
$\vec{n}=(6, 3, 2) \perp$ 平面 α, $|\vec{n}|=\sqrt{6^2+3^2+2^2}=7$ より, 接点を Q とすると,

$$\overrightarrow{OQ}=\begin{pmatrix}1\\1\\1\end{pmatrix} \pm \frac{1}{7}\begin{pmatrix}6\\3\\2\end{pmatrix}=\begin{pmatrix}\frac{13}{7}\\\frac{10}{7}\\\frac{9}{7}\end{pmatrix} \begin{pmatrix}\frac{1}{7}\\\frac{4}{7}\\\frac{5}{7}\end{pmatrix}$$

①の左辺に各々代入して k の値を求めると, $k=18, 4$
よって求める k の範囲は, $4 \leqq k \leqq 18$ ……………… (答)
(点と平面の距離の公式を知っているならば, 公式を利用しても結構です.)

演習 2

ヘロンの公式: $S=\sqrt{s(s-a)(s-b)(s-c)}$
を利用して,
$s^2 \geqq 3\sqrt{3}\sqrt{s(s-a)(s-b)(s-c)}$ を示せばよい.
両辺 2 乗して,
$s^4 \geqq 27s(s-a)(s-b)(s-c)$

$s>0$ であり，

$s^3 \geqq 27(s-a)(s-b)(s-c)$ を示せばよいこととなる．

ここで多くの人は手が止まることでしょう．しかしあきらめずに粘り強く，いろいろと試してみて下さい．

$27=3^3$ です．ちょっと両辺の3乗根をとる誘惑に駆られるでしょう．

$s \geqq 3\sqrt[3]{(s-a)(s-b)(s-c)}$

$\iff \dfrac{s}{3} \geqq \sqrt[3]{(s-a)(s-b)(s-c)}$

ここまでくると，3数の相加平均≧相乗平均の不等式を思い出します．

$(s-a)+(s-b)+(s-c)=3s-(a+b+c)=3s-2s=s!!$

これですべての準備が整いました．

(解答)

$s-a=\dfrac{a+b+c}{2}-a=\dfrac{b+c-a}{2}>0$ （∵ 2辺の和は他の辺より大)

同様にして $s-b>0$, $s-c>0$

∴ 相加平均≧相乗平均より，

$\dfrac{(s-a)+(s-b)+(s-c)}{3} \geqq \sqrt[3]{(s-a)(s-b)(s-c)}$

左辺 $=\dfrac{3s-(a+b+c)}{3}=\dfrac{3s-2s}{3}=\dfrac{s}{3}$ より両辺を三乗すると，

$\dfrac{s^3}{27} \geqq (s-a)(s-b)(s-c)$

$s^4 \geqq 27s(s-a)(s-b)(s-c)$

両辺の平方根をとって，

$s^2 \geqq 3\sqrt{3}\sqrt{s(s-a)(s-b)(s-c)}$

ヘロンの公式より，

$s^2 \geqq 3\sqrt{3}\,S$ （証明おわり)

演習 3

注意 常に, $g(-x) = -g(x)$ （ex. $g(x) = \sin x$）が成立するとき, $g(x)$ は奇関数であるといい,

$g(-x) = g(x)$ （ex. $g(x) = \cos x$）が成立するとき, $g(x)$ は偶関数であるといいます.

(1)
$$g'(-x) = \lim_{h \to 0} \frac{g(-x+h) - g(-x)}{h} = \lim_{h \to 0} \frac{-g(x-h) + g(x)}{h} \quad \begin{pmatrix} \because -x+h \\ = -(x-h) \end{pmatrix}$$
$$= \lim_{h \to 0} \frac{g(x-h) - g(x)}{-h} = g'(x)$$

∴ $g'(x)$ は偶関数である

(2) 準備として次のことを証明しておきます.

<u>lemma.</u> $g'(x)$ が奇関数ならば, $g(x)$ は偶関数である.

（証明） $\widetilde{g}(x) = \int_0^x g'(t) dt = [g(t)]_0^x = g(x) - g(0)$ とおく

$u = -t$ とおくと $du = -dt$

t	$0 \to -x$
u	$0 \to x$

$$\underline{\widetilde{g}(-x)} = \int_0^{-x} g'(t) dt = \int_0^x g'(-u)(-du) = \int_0^x -g'(u)(-du)$$
$$= \int_0^x g'(u) du = \int_0^x g'(t) dt = \underline{\widetilde{g}(x)}$$

∴ $\widetilde{g}(x)$ は偶関数である

すると, $g(-x) = \widetilde{g}(-x) + g(0) = \widetilde{g}(x) + g(0) = g(x)$

よって, $g(x) = \widetilde{g}(x) + g(0)$ は偶関数である

(2) の証明

$k = f'(0)$ とおく

$g(x) = f(x) - kx$ とすると,

$g'(x) = f'(x) - k$: 奇関数

lemma より $g(x)$ は偶関数である

$$I(a) = \int_{-1}^{1} \{f(x) - ax\}^2 dx$$
$$= \int_{-1}^{1} \{f(x) - kx - (a-k)x\}^2 dx$$
$$= \int_{-1}^{1} \{g(x) - (a-k)x\}^2 dx$$
$$= \int_{-1}^{1} \{g(x)\}^2 dx - 2(a-k)\int_{-1}^{1} xg(x)dx + (a-k)^2 \int_{-1}^{1} x^2 dx$$

$g(x)$ が偶関数より $xg(x)$ は奇関数である

よって,

$$I(a) = (a-k)^2 \int_{-1}^{1} x^2 dx + \int_{-1}^{1} \{g(x)\}^2 dx$$
$$= \frac{2}{3}(a-k)^2 + C(定数)$$

∴ $a = k = f'(0)$ のとき $I(a)$ は最小となる (証明おわり)

演習 4

$f\left(\dfrac{1}{a+b}\right) = \dfrac{1 + a(a+b) + (a+b)^2}{(a+b)^2} = \dfrac{f(a+b)}{(a+b)^2}$ より

$f\left(\dfrac{1}{a+b}\right) > 0$ を示すためには, $f(a+b) > 0$ を示せばよいこととなります. しかし $f(b) = b^2 + ab + 1 < 0$ を利用して証明しようと試みてもなかなかうまくいきません.

そこで $f(a+b) = 2a^2 + 3ab + b^2 + 1$, $f(b) = b^2 + ab + 1$ の展開式を眺めながら, 問題 4.3 の考え方をちょっと応用しますと,

$f(b)<0$ より $f(a+b)+f(b)>0$ を示せば十分となることに気が付きます。
$$f(a+b)+f(b) = \{1+a(a+b)+(a+b)^2\}+(b^2+ab+1)$$
$$= 2(a^2+2ab+b^2+1)$$
$$= 2\{(a+b)^2+1\}>0$$
ここで $f(b)<0$ より $f(a+b)>0$
$$\therefore \quad f\left(\frac{1}{a+b}\right)>0 \quad \text{(証明おわり)}$$

演習5

(1) ケーレーハミルトンの公式より，
$$A^2-(a+d)A+(ad-bc)E=O \quad \cdots\cdots\cdots\text{①}$$
$$\therefore \quad A^3-(a+d)A^2+(ad-bc)A=O$$
$A^3=E$ を代入して，
$$(a+d)A^2-(ad-bc)A-E=O \quad \cdots\cdots\cdots\text{②}$$
② $-$ ① $\times(a+d)$ より，
$$\{(a+d)^2-(ad-bc)\}A = \{(ad-bc)(a+d)+1\}E \quad \cdots\cdots\text{③}$$

(ⅰ) $(a+d)^2-(ad-bc)\neq 0$ のとき
③より $A=kE$，ただし $k=\dfrac{(ad-bc)(a+d)+1}{(a+d)^2-(ad-bc)}$
$A^3=E$ に代入して $k^3E=E$
$\therefore \quad k^3=1$ より $k=1$
すると $A=E$ となり，$A\neq E$ に矛盾
よって，(ⅱ) $(a+d)^2-(ad-bc)=0 \iff ad-bc=(a+d)^2$
③より $(ad-bc)(a+d)+1=0$
第1式を第2式に代入して，$(a+d)^3=-1$
$\therefore \quad a+d=-1, \ ad-bc=1$

（ちなみに(1)は，ケーレーハミルトンの公式を利用する頻出タイプの行列問題です．）

(2) $a+d=-1$（奇数）より a, d は一方が偶数で，他方が奇数となるので，ad は偶数となる
すると $ad-bc=1$（奇数）より，bc は奇数となる
よって b も c も奇数である

(3) $B \neq E$, A, A^{-1} と仮定する（ここで，$ad-bc=1$ より $A^{-1}=\begin{pmatrix} d & -b \\ -c & a \end{pmatrix}$）
$B \neq E$, $B^3=E$ より，B は A と同じ条件をみたすので，$B=\begin{pmatrix} s & t \\ u & v \end{pmatrix}$ とおくと，
$s+v=-1$, $sv-tu=1$, t と u は奇数となる
$X=AB$, $Y=BA^{-1}$ とおくと，仮定 $B \neq A$, A^{-1} より $X \neq E$, $Y \neq E$
∴ X も Y も A と同じ条件をみたす……………………（＊）
$X=\begin{pmatrix} a & b \\ c & d \end{pmatrix}\begin{pmatrix} s & t \\ u & v \end{pmatrix}=\begin{pmatrix} as+bu & at+bv \\ cs+du & ct+dv \end{pmatrix}$
$Y=\begin{pmatrix} s & t \\ u & v \end{pmatrix}\begin{pmatrix} d & -b \\ -c & a \end{pmatrix}=\begin{pmatrix} sd-tc & at-bs \\ -cv+du & av-bu \end{pmatrix}$

（＊）より X, Y の $(2, 1)$ 成分である $cs+du$, $-cv+du$ は共に奇数となる
ここで c, u は奇数なので，
（ⅰ） d ：偶数とすると，
$cs+du$（偶数）=（奇数）となり，cs は奇数
$-cv+du$（偶数）=（奇数）より，cv も奇数
すると c は奇数より，s も v も奇数となる
しかし $s+v=-1$（奇数）に矛盾
（ⅱ） d ：奇数とすると，
（ⅰ）と同様にして，cs, cv は偶数
　すると c は奇数より，s も v も偶数となり，
　$s+v=-1$（奇数）に矛盾
以上より題意が示された（証明おわり）

演習 6

問題文よりまず背理法を思い付きます．次に，いきなり取り組むのが困難な人はストラテジーに従って2文字の問題から始めましょう．即ち，

$$\begin{cases} a(1-b) > \dfrac{1}{4} \\ b(1-a) > \dfrac{1}{4} \end{cases} \text{と仮定して矛盾を出します．}$$

当ストラテジーのもう一つのタイプ，「文字をへらす」ことを思い出すと次のようになります．

$a > 0, b > 0$ より $1-b > 0, 1-a > 0$

これらで辺々をわると，

$$\begin{cases} a > \dfrac{1}{4(1-b)} \\ 1-a > \dfrac{1}{4b} \end{cases}$$

辺々を加えると，

$$1 > \dfrac{1}{4(1-b)} + \dfrac{1}{4b} \iff 4b(1-b) > b + (1-b)$$

$$\iff (2b-1)^2 < 0 \quad \therefore \text{矛盾}$$

同様の方針で3文字に対して試みましょう．

$$\begin{cases} a(1-b) > \dfrac{1}{4} \\ b(1-c) > \dfrac{1}{4} \\ c(1-a) > \dfrac{1}{4} \end{cases} \text{と仮定}$$

2文字の場合と同様，$0 < a, b, c < 1$ となる

そこで・第2式・第3式より，

$$1-c > \dfrac{1}{4b}$$
$$c > \dfrac{1}{4(1-a)}$$

辺々加えて（文字 c 消去）

$$1 > \frac{1}{4b} + \frac{1}{4(1-a)} \iff \frac{4b-1}{b} > \frac{1}{1-a} > 0 \cdots\cdots\cdots (\ast) \text{ より、}$$

$$4b-1 > 0 \iff \frac{1}{4} < b < 1$$

$$\therefore \quad 1-a > \frac{b}{4b-1} \quad ((\ast) \text{を利用})$$

仮定の第1式より，

$$a > \frac{1}{4(1-b)}$$

辺々加えて（a消去）

$$1 > \frac{b}{4b-1} + \frac{1}{4(1-b)}$$

$$\iff 4(1-b)(4b-1) > 4b(1-b) + (4b-1)$$

$$\iff 3(2b-1)^2 < 0 \qquad \therefore \text{ 矛盾}$$

よって題意が示された（証明おわり）

演習7

（イ）より　　$l + m + n = 1$ $\cdots\cdots\cdots\cdots$ ①
（ロ）より　　$\overrightarrow{OA} \cdot \overrightarrow{OB} = lm + mn + nl = 0$ $\cdots\cdots\cdots\cdots$ ②

いま $L\left(\dfrac{m+n}{2}, \dfrac{n+l}{2}, \dfrac{l+m}{2}\right)$ 　$M\left(\dfrac{n+l}{2}, \dfrac{l+m}{2}, \dfrac{m+n}{2}\right)$
$N\left(\dfrac{l+m}{2}, \dfrac{m+n}{2}, \dfrac{n+l}{2}\right)$ 　$P\left(\dfrac{l}{2}, \dfrac{m}{2}, \dfrac{n}{2}\right)$, $Q\left(\dfrac{m}{2}, \dfrac{n}{2}, \dfrac{l}{2}\right)$
$R\left(\dfrac{n}{2}, \dfrac{l}{2}, \dfrac{m}{2}\right)$

（シンメトリーより球の中心の座標は，(t, t, t)の形だというあたりが付きます．）

$D(t, t, t)$ とおくと，

$$|\overrightarrow{DL}| = |\overrightarrow{DM}| = |\overrightarrow{DN}| = \sqrt{\left(t - \frac{m+n}{2}\right)^2 + \left(t - \frac{n+l}{2}\right)^2 + \left(t - \frac{l+m}{2}\right)^2}$$

$$|\overrightarrow{DP}| = |\overrightarrow{DQ}| = |\overrightarrow{DR}| = \sqrt{\left(t - \frac{l}{2}\right)^2 + \left(t - \frac{m}{2}\right)^2 + \left(t - \frac{n}{2}\right)^2}$$

$|\overrightarrow{\mathrm{DL}}|=|\overrightarrow{\mathrm{DP}}|$ より

$$\left(t-\frac{m+n}{2}\right)^2+\left(t-\frac{n+l}{2}\right)^2+\left(t-\frac{l+m}{2}\right)^2$$
$$=\left(t-\frac{l}{2}\right)^2+\left(t-\frac{m}{2}\right)^2+\left(t-\frac{n}{2}\right)^2$$
$$\iff 3t^2-2(l+m+n)t+\frac{1}{2}(l^2+m^2+n^2+lm+mn+nl)$$
$$=3t^2-(l+m+n)t+\frac{1}{4}(l^2+m^2+n^2)$$

∴ $\quad\dfrac{1}{4}(l^2+m^2+n^2)=t\quad(\because ①, ②より)$ ……………………（∗）

ここで①, ②を利用すると,

$$l^2+m^2+n^2=(l+m+n)^2-2(lm+mn+nl)=1$$

そこで（∗）より, $t=\dfrac{1}{4}$ ととればよいことがわかります

このとき $|\overrightarrow{\mathrm{DP}}|=\sqrt{3t^2-(l+m+n)t+\dfrac{1}{4}(l^2+m^2+n^2)}=\sqrt{\dfrac{3}{16}}$ より,

L, M, N, P, Q, R は,

定球面：$\left(x-\dfrac{1}{4}\right)^2+\left(y-\dfrac{1}{4}\right)^2+\left(z-\dfrac{1}{4}\right)^2=\dfrac{3}{16}$

上に存在する

演習 8

問題文の意味は次の通りです．例えば N が……2637……いうような 16 桁の数字の場合，連続する 3 数 2, 6, 3 より積を構成して，$2\cdot 6\cdot 3=6^2$ と平方数を作ることができるということです．

すると問題文のヒントより各桁の数として 0, 1, 4, 9 は除外できます．あとは 2, 3, 5, 6, 7, 8 です．即ち，2, 3, 5, 7 という素数だけで素因数分解されます．そこで各桁の数による積もこれら 4 つの素数だけで素因数分解され,

$$2^a 3^b 5^c 7^d$$

の形で書けます．

ところで，$2^a 3^b 5^c 7^d$ が平方数であるのは，a, b, c, d がすべて偶数の場合のみですから，a, b, c, d の偶奇に注目することとなります．

a, b, c, d の偶奇の場合の数は $2^4 = 16$ 通りです．「16桁」のもつ意味が予想できるでしょう．あとは「部屋割り論法」を利用して以下のようになります．

$N = a_{16} \cdot 10^{15} + \cdots\cdots + a_2 \cdot 10 + a_1$ とする．ただし各 a_i $(1 \leq i \leq 16)$ は 2, 3, 5, 6, 7, 8 のいずれかと仮定してよい．

いま各桁の数の積より構成される $\{N_k\}$ を次のように定めます．

$N_1 = a_1$
$N_2 = a_1 \cdot a_2$
$\vdots \quad \vdots \quad \vdots$
$N_i = a_1 \cdot a_2 \cdots\cdots a_i$
$\vdots \quad \vdots \quad \vdots \quad \vdots \quad \vdots$
$N_j = a_1 \cdot a_2 \cdots\cdots a_i \cdots\cdots a_j$
$\vdots \quad \vdots \quad \vdots \quad \vdots \quad \vdots \quad \vdots$
$N_{16} = a_1 \cdot a_2 \cdots\cdots a_i \cdots\cdots a_j \cdots\cdots a_{16}$

各 N_k は $2^a 3^b 5^c 7^d$ の形に素因数分解されるのでその指数を (a_k, b_k, c_k, d_k) で表します．

a_k, b_k, c_k, d_k がすべて偶数となる N_k があれば，N_k は平方数なので題意が満たされます．

このような N_k がない場合，(a_k, b_k, c_k, d_k)（ただし $1 \leq k \leq 16$）の偶奇のパターンは $2^4 - 1 = 15$ 通りだけですので，(a_i, b_i, c_i, d_i) と (a_j, b_j, c_j, d_j) の偶奇が一致する i, j $(1 \leq i < j \leq 16)$ が必ず存在します．（部屋割り論法！！）

このとき $\dfrac{N_j}{N_i}$ は 2, 3, 5, 7 の各指数はすべて偶数なので平方数となります．

一方 $\dfrac{N_j}{N_i} = a_{i+1} \cdots\cdots a_j$ なので題意は満たされることとなります．

演習 9

「特別な場合」として,
$a = \frac{1}{4}$, $b = c = \frac{1}{2}$ とおき計算しますと,
$A = \frac{33}{16}$, $B = \frac{28}{16}$, $C = \frac{20}{16}$ となります.

そこで, $A > B > C$ と予想されることとなります.（$A > C$ の証明の手間が省けることに注意して下さい.）

$$A - B = \frac{1}{2}\{(2ab - a - b)c + 1 - ab\}$$
$$> \frac{1}{2}\{(2ab - a - b) \cdot 1 + 1 - ab\}$$
$$(\because ab < a,\ ab < b\ \text{より}\ 2ab < a + b)$$
$$= \frac{1}{2}(1-a)(1-b) > 0\ (\because 1-a > 0,\ 1-b > 0)$$

$$B - C = \frac{1}{2}\{(a+b-2)c + ab - 2(a+b) + 3\}$$
$$> \frac{1}{2}\{(a+b-2) \cdot 1 + ab - 2(a+b) + 3\}\ (\because a+b-2 < 0)$$
$$= \frac{1}{2}(1-a)(1-b) > 0$$

$\therefore A > B > C$ …………………………（答）

演習 10

例えば $a_i = i$ 或は $a_i = n - i + 1$（大小が逆順）として具体的に考えますと, $\{b_k\}$ は 1 から n の整数が任意に並んでいることに気付きます.

すると $\sum_{k=1}^{n} k = \sum_{k=1}^{n} b_k$　そして　$\sum_{k=1}^{n} k^2 = \sum_{k=1}^{n} b_k^2$

が発見できます.

しかし示すべき結論を $\sum_{k=1}^{n} kb_k \leq \sum_{k=1}^{n} b_k^2$ と置き換えてみても直ちにうまくはいきません.

しかし, この発見を大切にしていろいろと考えた末に,

$$\sum_{k=1}^{n} k b_k \leq \frac{1}{2}\left(\sum_{k=1}^{n} k^2 + \sum_{k=1}^{n} b_k{}^2\right) \quad (\,!!\,)$$

と右辺を変形して証明すればよいことに思いつけば，もう後は簡単です．

（解答）
$$\sum_{k=1}^{n}(k-b_k)^2 = \sum_{k=1}^{n}(k^2 - 2kb_k + b_k{}^2) \geqq 0 \cdots\cdots\cdots\cdots\cdots\cdots\cdots\text{①}$$

ここで $\sum_{k=1}^{n} b_k{}^2 = \sum_{k=1}^{n} k^2$ より，

① $\iff 2\sum_{k=1}^{n}(k^2 - kb_k) \geqq 0$

∴ $\sum_{k=1}^{n} k^2 \geqq \sum_{k=1}^{n} k b_k$

（n 次元ベクトルのコーシーシュワルツの不等式を知っているならば，それを利用してもできます．）

著者紹介

塚原 成夫
(つかはら しげお)

　東京大学法学部を卒業後，京都大学理学部数学系，筑波大学大学院博士課程をへて，現在は開成学園に勤務．
　主な著書．「高校数学における発見的問題解決法（東洋館出版社）」，「数学的思考の構造（現代数学社）」

新・高校数学による発見的問題解決法
—ストラテジー入門—

2004年11月11日　初版1刷発行

著　者　　塚原成夫
発行者　　富田　栄
発行所　　株式会社　現代数学社
〒606-8425　京都市左京区鹿ケ谷西寺ノ前町1番地
TEL&FAX 075-751-0727
http://www.gensu.co.jp/

印刷・製本　株式会社　合同印刷

検印省略

ISBN4-7687-0299-6　　　　　落丁・乱丁はお取替えいたします．